职业教育全媒体规划教材

# 数控加工基础

主　编　陈殿辉
副主编　杨　波　公茂强　明　颖
参　编　徐姣娜　刘嘉伟　陈长亮　王志宇

机械工业出版社

本书是职业教育全媒体规划教材，是根据吉林省《现代职业教育改革发展示范校建设方案》，同时参考相应职业资格标准编写的。本书着重介绍数控加工工艺的基础知识，重点突出工艺流程的基础知识，培养学生工艺逻辑思维，努力做到“快速上手，有效输出”，为后续学习编程与加工打基础。

本书共分四章，第一章介绍数控机床基本知识，第二章介绍切削刀具基本知识，第三章介绍工艺夹具基本知识，第四章通过实训项目介绍工艺流程及加工基本知识。

本书可作为职业院校数控加工专业的教材，也可作为数控加工岗位的培训教材。

为便于教学，本书配套有电子教案、助教课件、教学视频等教学资源，选择本书作为教材的教师可来电（010-88379193）索取，或登录 www.cmpedu.com 网站，注册、免费下载。

另外，本书还配套了利用增强现实（AR）技术开发的3D虚拟仿真教学资源。

**图书在版编目（CIP）数据**

数控加工基础/陈殿辉主编. —北京：机械工业出版社，2019.10
职业教育全媒体规划教材
ISBN 978-7-111-63810-0

Ⅰ.①数… Ⅱ.①陈… Ⅲ.①数控机床-加工-职业教育-教材
Ⅳ.①TG659

中国版本图书馆CIP数据核字（2019）第213193号

机械工业出版社（北京市百万庄大街22号 邮政编码100037）
策划编辑：黎 艳 责任编辑：黎 艳
责任校对：张晓蓉 封面设计：张 静
责任印制：孙 炜
天津翔远印刷有限公司印刷
2020年1月第1版第1次印刷
184mm×260mm · 8.25印张 · 201千字
0001—1900册
标准书号：ISBN 978-7-111-63810-0
定价：25.00元

电话服务
客服电话：010-88361066
010-88379833
010-68326294

网络服务
机 工 官 网：www.cmpbook.com
机 工 官 博：weibo.com/cmp1952
金 书 网：www.golden-book.com
机工教育服务网：www.cmpedu.com

# 前　言

对于数控加工专业的中高职学生来说，规划工艺流程及后续的加工控制一直是学习的重中之重。数控加工工艺涵盖的内容庞杂，包括机械制图与识图、公差测量、材料、加工工艺、刀具、工艺夹具、机床、用电常识、PLC 控制常识等，传统的教学模式都是分科进行学习，不仅占用大量学时，而且学生学习后也很难有效地建立起数控加工的逻辑思维，到了企业后难以适应工作岗位的需要。本书以数控加工工艺流程为逻辑主线，融合多门课程核心知识和能力，着重培养工艺逻辑思维，使学生很快进入到“工作状态”，以适应岗位需求。

本书主要介绍数控加工工艺的基础知识，重点培养工艺流程的制订与执行能力，编写过程中力求体现培养动手能力的特色。本书项目情景设计来自企业的真实素材，学生在角色扮演活动中，边工作、边学习。

本书学时安排建议如下：

| 章　　节 | 学　　时 | 教学建议 |
| --- | --- | --- |
| 第一章　数控机床认知 | 26 | 建议到实训场所现场教学 |
| 第二章　金属切削基础及切削刀具 | 34 | 建议安排 1 周的实训学时 |
| 第三章　工艺夹具 | 20 | 建议安排 1 周的实训学时 |
| 第四章　实训项目 | 84 | 建议加工实施阶段安排 3 周的学时 |
| 合计 | 164 | 建议教学方法采用翻转课堂,角色扮演 |

本书由吉林机电工程学校陈殿辉任主编，负责总体规划。具体编写分工如下：刘嘉伟编写第一章，明颖编写第二章，徐姣娜编写第三章，公茂强编写第四章。杨波、陈长亮、王志宇对教材内容提供了技术支持。在编写过程中，编者参阅了国内出版的有关教材和资料，在此对相关人员表示衷心感谢！

本书利用增强现实（AR）技术开发虚拟仿真教学资源，体现了“三维可视化及互动学习”的特点，将重要知识点以 3D 教学资源的形式进行介绍，力图达到“教师易教，学生易学”的目的。本书配有安卓手机版的 3D 虚拟仿真教学资源，扫描封底上方的二维码下载 APP（http://s.cmpedu.com/2019/11/skjg.apk），然后打开 APP 扫描书中带有手机图标的图即可观看资源。

由于编者水平有限，书中不妥之处在所难免，恳请读者批评指正。

编　者

# 目　录

# 第一章

# 数控机床认知

数控机床是数字控制机床的简称，是一种装有程序控制系统的自动化机床。该控制系统是能够逻辑地处理具有控制编码或其他符号指令规定的程序，并将其译码，从而使机床动作并加工零件的控制单元，是数控机床的大脑。

数控机床的特点：

1）加工精度高，具有稳定的加工质量。

2）能加工形状复杂的零件。

3）可节省生产准备时间。

4）生产率高（一般为普通机床的3~5倍）。

5）机床自动化程度高，可以减轻劳动强度。

6）对操作人员的素质要求较高，对维修人员的技术要求更高。

## 第一节　数控机床加工过程

数控机床分为普通型数控机床和加工中心两大类。普通型数控机床指数控车床、数控铣床、数控磨床等。加工中心指带有自动换刀机构和刀具库的数控车床和铣床。

### 一、数控车床

数控车床可以进行平面曲线的加工，可车削圆柱面、圆锥面、孔、螺纹、平面及沟槽，其外形如图1-1所示。数控车床适合加工形状复杂的盘类、轴类、套类零件，如图1-2所示。

图1-1　数控车床

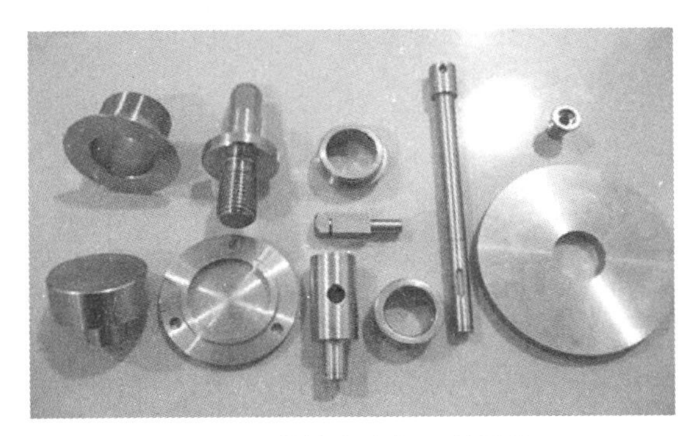

图 1-2　数控车床加工的零件

数控车床与普通车床的比较见表 1-1。

**表 1-1　数控车床与普通车床的比较**

| | 普通车床 | 数控车床 |
|---|---|---|
| 实物图 | | |
| 性能比较 | 具有手动加工和机动加工功能,加工过程全部由人工干预 | 具有手动加工、机动加工和控制程序自动加工功能,加工过程一般不需人工干预 |
| | 适用于加工形状简单、工序单一的产品 | 可加工复杂程度高的零件,适用于多工序加工 |
| | 操作者以自己的工作方式完成加工,加工方式多样 | 适合于无人操作和加工自动化 |
| | 加工过程中必须由人工不断地进行测量,保证工件的加工精度 | 具有工件测量系统,加工过程中不需要进行工件尺寸的人工测量 |
| | 完成高质量、高精度的加工要求操作者具有高的技能水平 | 加工精度高,质量稳定,较少依赖操作者的技能水平 |

**1. 数控车床的基本工作过程**

输入程序→机床执行程序指令→机床传动系统动作，带动刀具进行加工→制成零件。

**2. 数控车床的主要组成部分**

(1) 控制介质　控制介质是信息的载体，也称为输入、输出设备。输入设备主要有键盘、程序载体、通信接口等；输出设备主要有显示器、各种信号指示灯等。

(2) 数控 (CNC) 装置　它的主要功能是接收加工程序的信息，完成数据的储存、计算、判断、输出控制等，并向车床的各执行机构发出运动指令，指挥车床各部件协调、准确地执行工件加工程序。

（3）伺服系统　伺服系统是数控车床的电气驱动部分，它接收计算机数控装置发来的各种动作指令，并精确地驱动车床执行机构运动。

（4）车床本体　它是用来完成各种切削加工的机械部分，有主运动系统、进给系统以及辅助部分（如液压、气动、冷却、润滑等系统），还有特殊部件，如刀库、自动换刀装置等。

（5）检测系统　它主要对车床转速及进给实际位置进行检测，并反馈回数控装置，进行补偿处理。

如运动部分通过传感器将角位移或者直线位移转换成电信号，输送给数控装置，与给定的位置进行比较；并由数控装置通过计算，继续向伺服机构发出运动指令，对产生的误差进行补偿，使车床工作台精确地移动到要求的位置。

图1-3和图1-4所示为数控车床的结构及其工作过程。

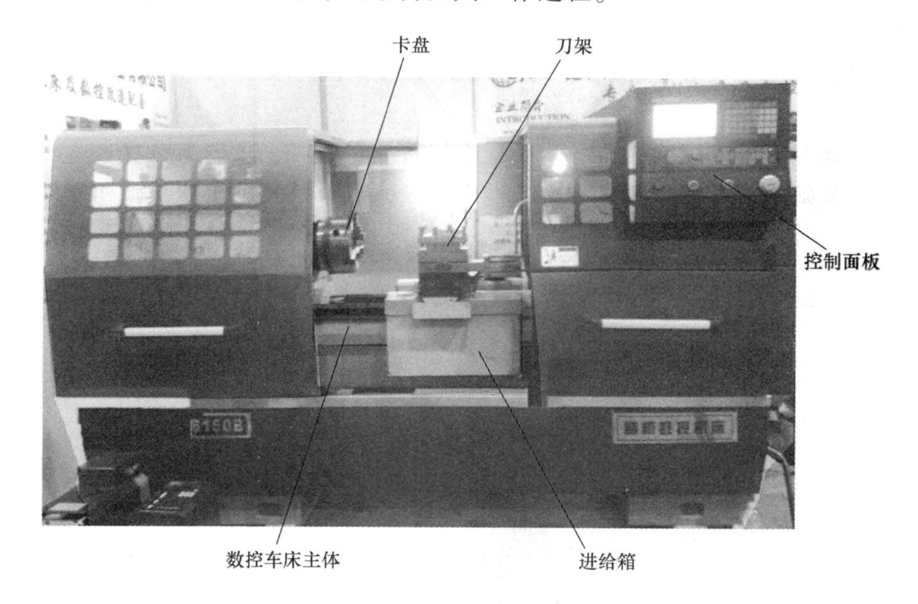


图1-3　数控车床结构图

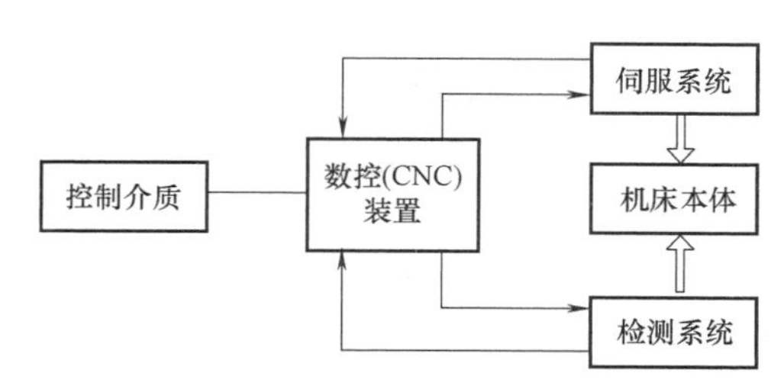


图1-4　数控车床工作过程示意图

## 二、数控铣床

与数控车床相比，数控铣床能够进行工件外形轮廓的铣削、平面或曲面铣削及三维复杂形面的铣削，如图1-5所示。

1. 数控铣床的基本工作过程

输入程序→装夹工件→装刀与对刀→加工→检测→成品。

2. 数控铣床（加工中心）的组成

数控铣床一般由数控系统、主传动系统、进给伺服系统、冷却润滑系统等部分组成，具体如图1-6所示。

(1) 主轴箱　它包括主轴箱体和主轴传动系统，用于装夹刀具并带动刀具旋转。

(2) 进给伺服系统　它由工作台、主轴等执行机构组成，按照程序设定的进给速度实现刀具和工件之间的相对运动。

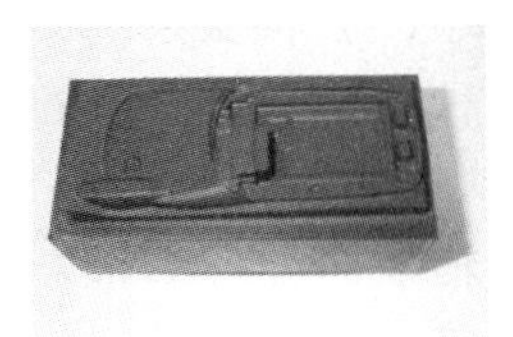

图1-5　数控铣床加工的零件

(3) 控制系统　它是数控铣床运动控制的中心，执行数控加工程序，控制机床进行加工。

(4) 辅助装置　如液压、气动、润滑、冷却系统和排屑、防护等装置。

(5) 机床基础件　通常指底座、立柱、横梁等，它是整个机床的基础和框架。

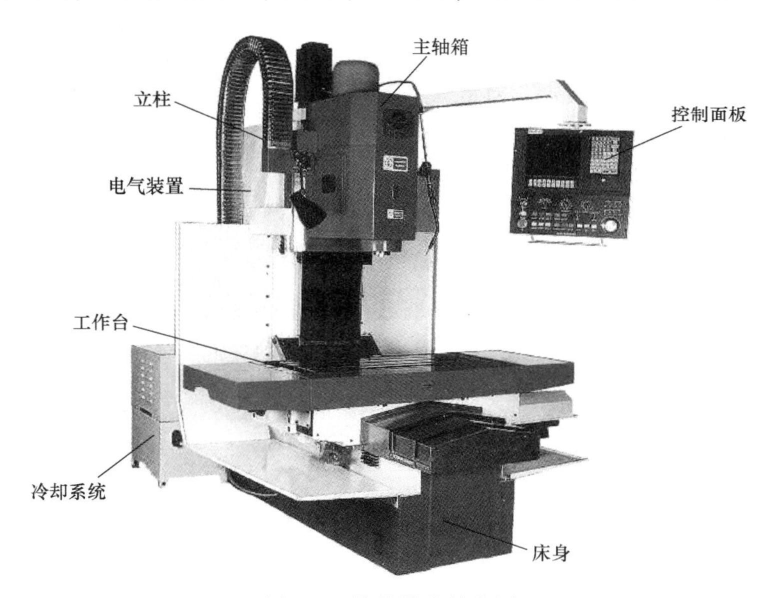


图1-6　数控铣床结构图

如图1-7所示，加工中心通常由主轴、刀库、操作面板、工作台、床身、电气柜和冷却系统等组成。

3. 数控铣床及加工中心的分类

(1) 按主轴位置分　数控铣床可分为立式数控铣床（图1-8）、卧式数控铣床（图1-9）和龙门式数控铣床（图1-10）。

立式数控铣床应用范围最广，其中3轴立式数控铣床占大多数，但也有部分机床只能进行3个坐标轴中的任意2个坐标轴联动加工（常称为2.5轴加工）。此外，还有机床主轴可以绕 X、Y、Z 轴中的其中一个或两个轴做数控摆角运动的 4 轴和 5 轴立式数控铣床。

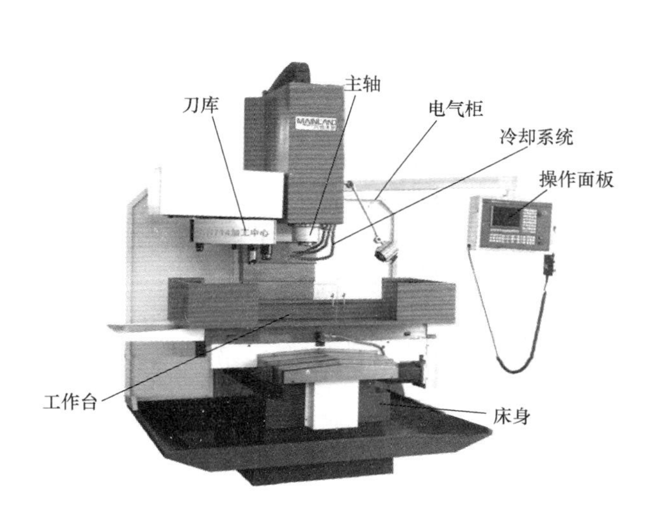


图 1-7　加工中心结构图

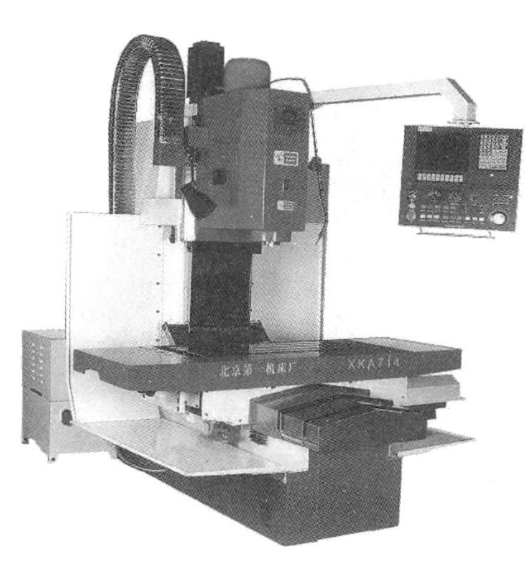

图 1-8　立式数控铣床

图 1-9　卧式数控铣床

图 1-10　龙门式数控铣床

与通用卧式铣床相同，卧式数控铣床主轴轴线平行于水平面。为了扩大加工范围和扩充功能，卧式数控铣床通常采用增加数控转盘或万能数控转盘的方法来实现 4 轴、5 轴加工。这样，不但工件侧面的连续回转轮廓可以加工出来，而且可以实现在一次安装中，通过转盘改变工位，进行“四面加工”。

龙门式数控铣床主轴可以在龙门架的横向与纵向溜板上运动，龙门架则沿床身做纵向运动。大型数控铣床因为要考虑到扩大行程、缩小占地面积及保持刚性等问题，往往采用龙门架移动方式。

加工中心按主轴的位置不同也可分成立式、卧式和龙门式加工中心，如图 1-11～图 1-16 所示。

图 1-11　瑞士米克朗立式加工中心

图 1-12　卧式加工中心

图 1-13　高速 5 轴立式加工中心

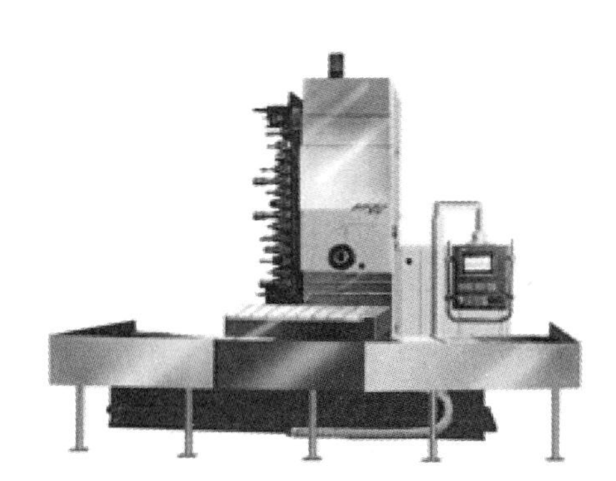

图 1-14　卧式镗铣加工中心

图 1-15　立式可交换工作台加工中心

图 1-16　龙门式加工中心

（2）按系统功能分 数控铣床可分为经济型数控铣床（图 1-17）、全功能型数控铣床（图 1-18）和高速数控铣床（图 1-19）。

**4. 多轴加工中心**

（1）多轴加工中心的含义 在原有 3 轴加工的基础上增加了旋转轴的加工，如图 1-20 所示。

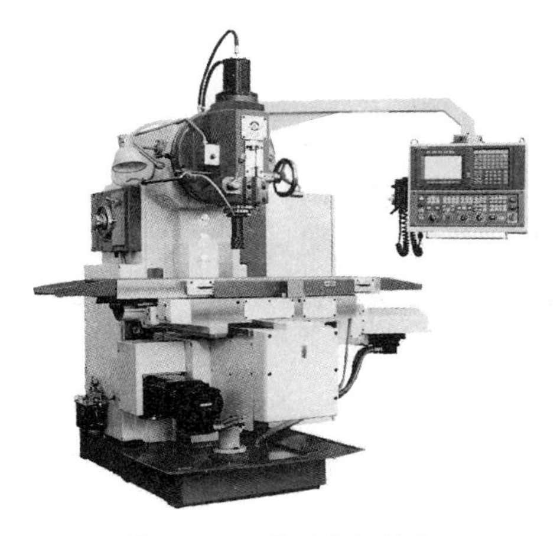

图 1-17 经济型数控铣床

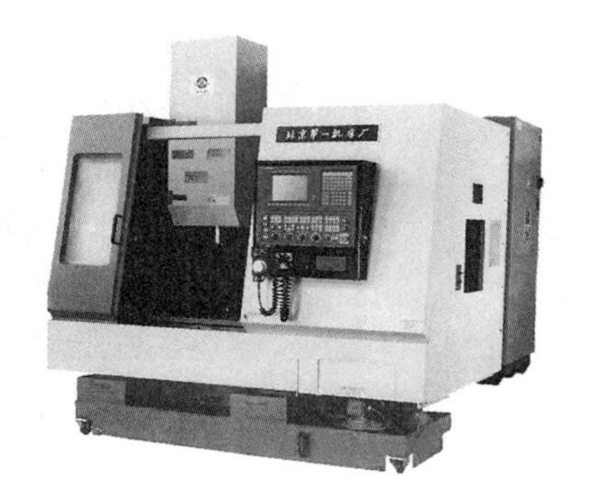

图 1-18 全功能型数控铣床

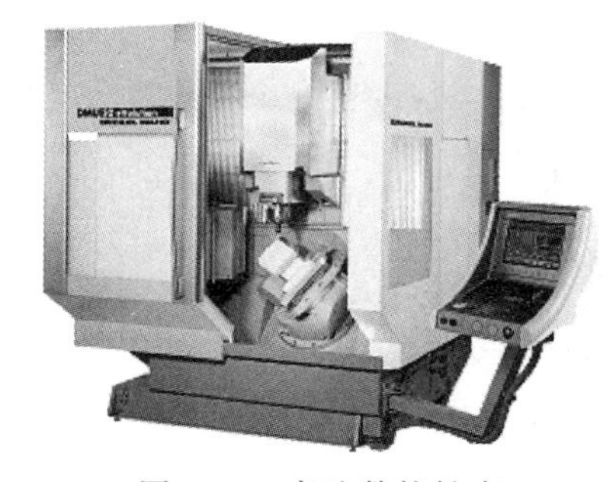

图 1-19 高速数控铣床

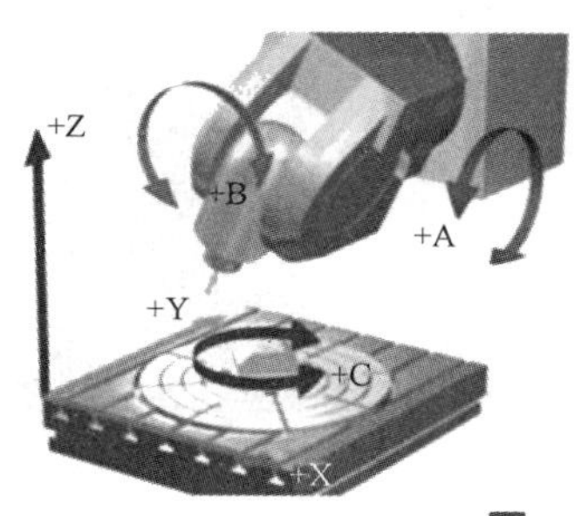


图 1-20 多轴加工中心

（2）多轴加工的特点

1）一次装夹可以完成多面多方位加工，从而提高零件的加工精度和加工效率。

2）由于多轴加工中心的刀轴相对于工件状态而改变，刀具或者工件的姿态角可以随时调整，所有可加工更加复杂的零件。图 1-21 所示为 5 轴联动加工的发动机第三级大叶片，图 1-22 所示为 5 轴联动加工的斜流压气机转子叶轮。

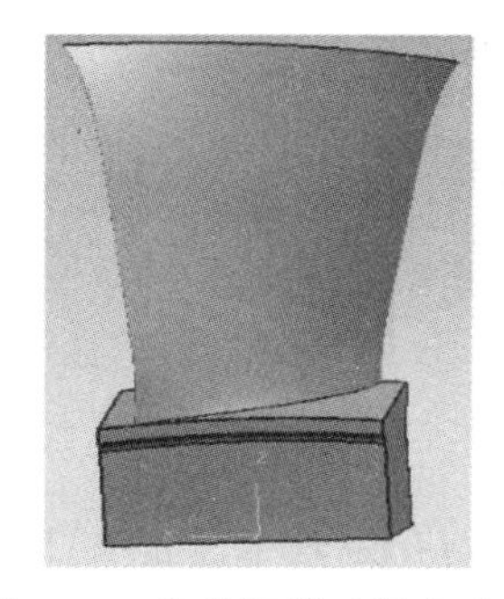

图 1-21 发动机第三级大叶片

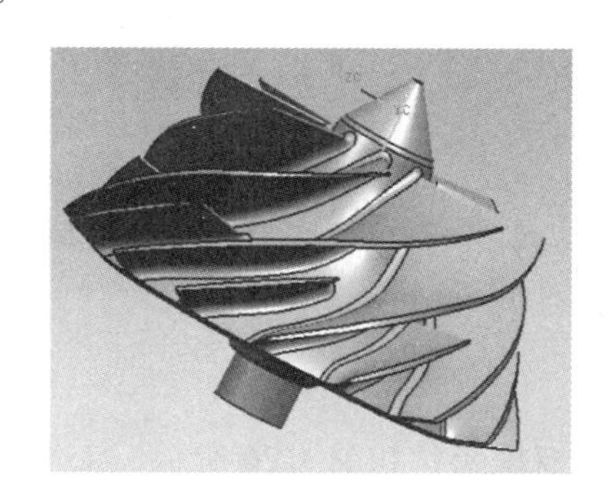

图 1-22 斜流压气机转子叶轮

3）具有较高的切削速度和切削宽度，使切削效率和加工表面质量得以改善。

4）可以简化刀具形状，从而降低刀具成本。

（3）多轴加工常见的机床类型

1）4轴联动机床的类型。

① 4轴旋转工作台：图1-23所示为4轴旋转工作台，其特点是机床刚性好，但受旋转台的限制，不适合大型零件的加工。

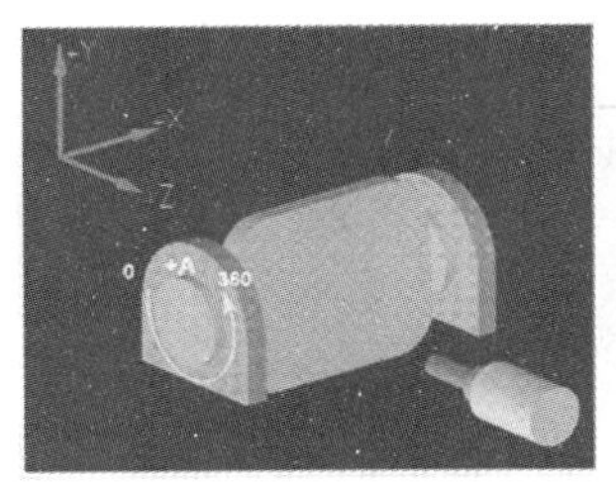

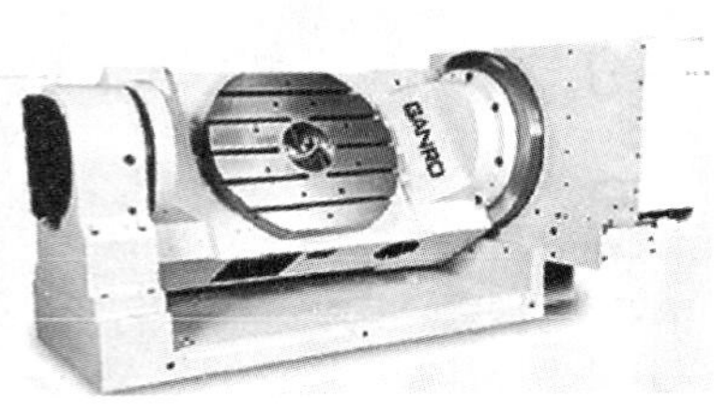

图1-23　4轴旋转工作台

② 旋转主轴：图1-24所示旋转主轴的特点是旋转灵活，适合各种形状零件的加工，但是机床刚性差，不能重切削。

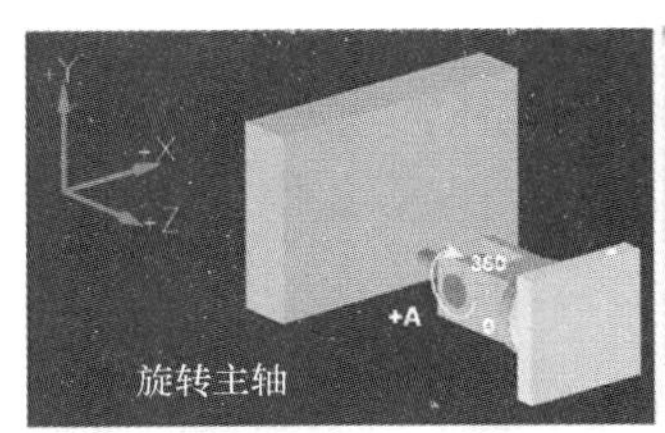

图1-24　旋转主轴

2）5轴联动机床的类型。

① 双转台：如图1-25所示，刀轴方向不变，两个旋转轴均在工作台上，加工时工件随工作台旋转，需考虑装夹承重，能加工的工件尺寸比较小。

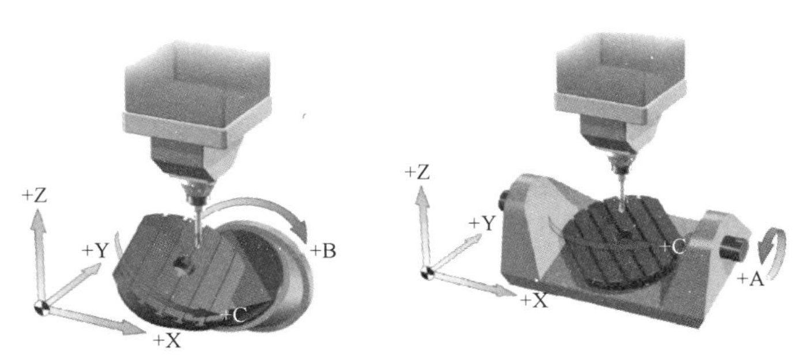


图1-25　双转台

② 双摆头：如图1-26所示，工作台不动，两个旋转轴均在主轴上，能加工尺寸比较大的工件。

③ 摆头转台：如图 1-27 所示，两个旋转轴分别放在主轴和工作台上，工作台旋转，可装夹较大的工件；主轴摆动，能灵活改变刀轴方向。

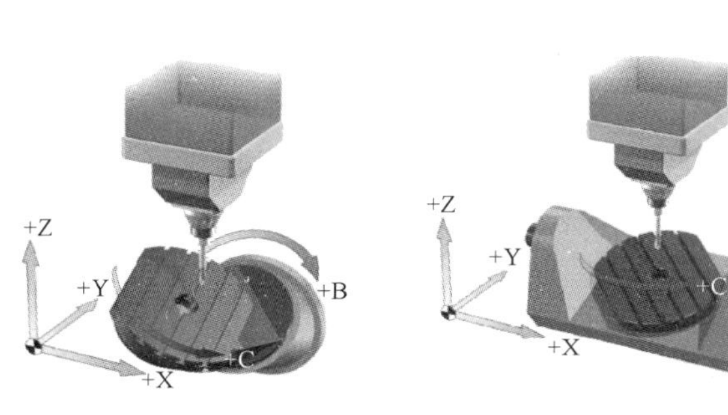

图 1-26　双摆头

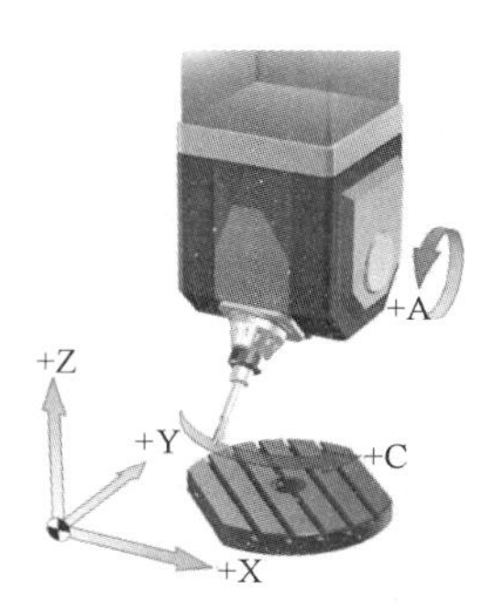

图 1-27　摆头转台

## 三、车铣复合机床

### 1. 认识车铣复合机床

车铣复合技术是在 20 世纪 90 年代发展起来的复合加工技术，是一种在传统机械设计技术和精密制造技术的基础上，集成了现代先进控制技术、精密测量技术和 CAD/CAM 应用技术的先进机械加工技术。这种加工技术的实质是一种基于现代科技技术和现代工业技术的工艺创新，并引发相关产业工艺进步和产品质量提升的新技术。

（1）车铣复合加工中心

车铣复合加工中心及其加工的零件如图 1-28 和图 1-29 所示。

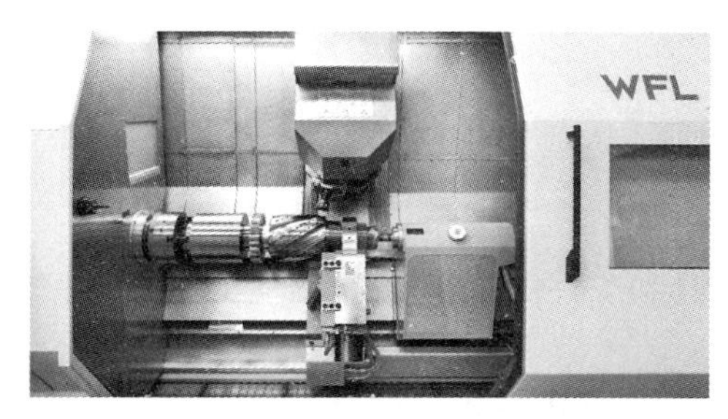

图 1-28　车铣复合加工中心

图 1-29　使用车铣复合加工中心加工的零件

（2）技术参数

1）系统：西门子 840D。

2）定位精度：X、Y 轴小于 0.005mm。

3）刀具：80 把常规刀具，2 把特殊刀具。

4）配置：B、C、X、Y、Z 轴。

### 2. 车铣复合机床的特点

（1）减少加工时间　加工过程中需用的机器数量大幅减少，机床前排队等待被加工的工件或单个机床间的传输量被降至最小，工作进度和计划的制订也变得简单，占用大量库存成本的半成品数量相应减少。

(2) 提高灵活性　当转换到另一个卡位或工件时，无需使用昂贵而复杂的夹具。

(3) 提高利用率　安装时间的减少等同于生产时间的增加，意味着加工过程不会被人为打断。

(4) 减少人工　生产过程中所需机床数量的减少相应地减少了进行操作、检查、工件传送和工作进度制定等工作的人员数量。

(5) 提高质量　由于减少了分离机加工中所需的大量装夹工作，不仅降低了夹具成本，同时还避免了装夹与调节误差。

**【课后练习】**

1. 数控车床与普通车床相比更适合加工什么样的工件？
2. 数控车床的工作过程是什么样的？
3. 数控车床的主要组成部分是什么？
4. 数控铣床与数控车床加工工件的区别是什么？数控铣床适合加工什么样的工件？
5. 数控铣床的工作过程是什么样的？
6. 什么是数控加工中心？
7. 数控车床的组成、结构和分类是什么？
8. 车铣复合机床有哪些优点？

# 第二节　加工基准的认识

## 一、数控车床的加工基准

**想一想**

为什么数控车床中需要坐标系？普通数控车床有哪两个坐标轴？

为了描述车床上的运动，必须先确定车床上刀具和工件的位置及加工时刀具和工件的运动方向，这就需要通过坐标系来实现。

普通数控车床有 X 轴和 Z 轴两个坐标轴。注意区分机床原点、机床参考点、编程原点，如图 1-30 所示。

(1) 机床原点　即机床坐标系的原点，它由机床生产厂家确定。通常数控车床的机床原点设定在卡盘端面与主轴中心线的交点处。其是建立测量机床运动坐标的起始点，是数控机床进行加工运动的基准点。

(2) 机床参考点　它是机床上设置的一个固定点，其位置是由机床制造厂家在每个进给轴上用限位开关精确调整好的，一般设定在每

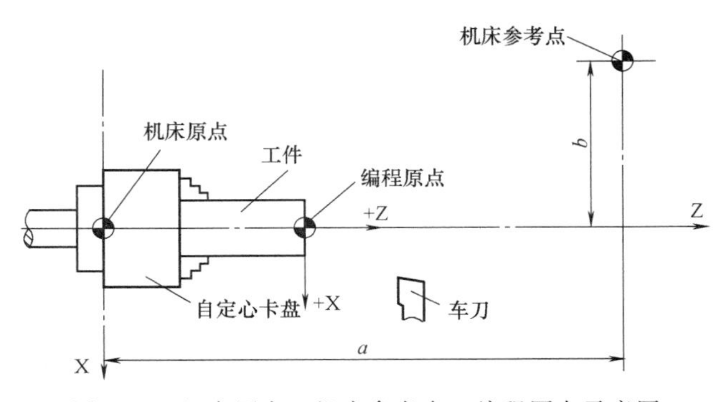


图 1-30　机床原点、机床参考点、编程原点示意图

个进给轴正向最大位置处。其作用是对机床刀具运动进行位置检测。数控机床的“回参考点”功能指的就是该点。

（3）编程原点　它是编程人员根据零件图样及加工工艺要求选定的加工程序的原点，也称为加工基准。编程原点通过“对刀”的操作方法来确定。它通常选择在工件旋转中心与工件右端面的交点上。

## 二、数控铣床的加工基准

图 1-31 所示为立式数控铣床坐标系统，它与数控车床坐标系统一样，有两个坐标系，一个是机床坐标系，另一个是工件坐标系（或者称为加工坐标系，也称为编程坐标系）。

（1）机床坐标系　机床坐标系是由机床生产厂家设定的。机床坐标系由三个坐标轴构成，即 X、Y 和 Z 轴，三个坐标轴的方位如图 1-32 所示。三个轴的交点即为机床坐标系原点。机床坐标系的原点位置通常是在三个坐标轴正向行程的尽端，开机回零操作就可以实现机床原点的确认。

机床坐标系的主要作用是确定刀具和工件之间的位置关系。

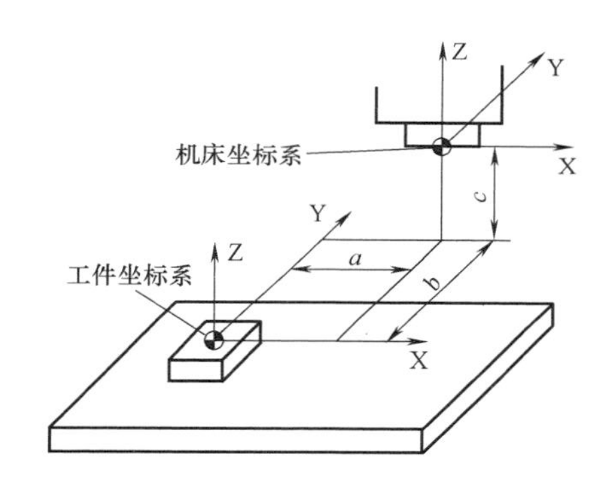


图 1-31　数控铣床坐标系

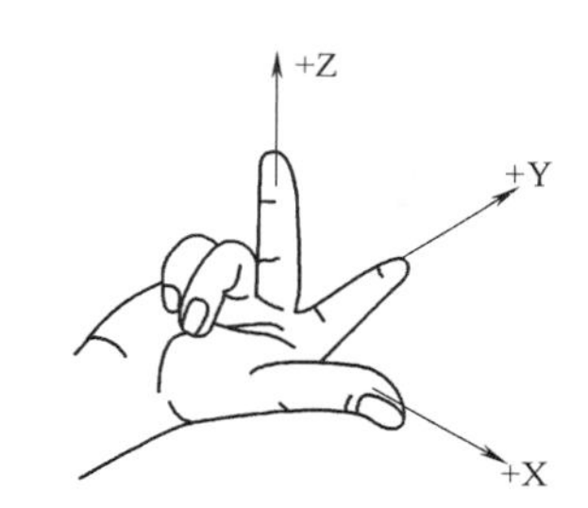


图 1-32　数控铣床机床坐标系的方位

（2）工件坐标系　工件坐标系是编程人员为方便编写数控程序而人为建立的坐标系，一般建立在工件上。如图 1-31 所示六面体工件的上表面中心点就是工件原点，对应的坐标系就是工件坐标系。

通过对刀操作可以确定工件坐标系在机床坐标系中的位置，图 1-31 中的 $a$、$b$、$c$ 就是工件原点偏离机床原点的距离。只有确定了工件原点的位置，才可执行程序指令，对工件进行加工。

**【课后练习】**

1. 数控车床坐标系统是如何构成的？
2. 机床原点、机床参考点与编程原点的关系是什么？
3. 为何在加工之前一定要建立工件坐标系？

## 实训一　外轮廓加工

### 【实训目的】

掌握在数控车床上采用试切法对刀的步骤，建立学生操作数控车床的信心，锻炼学生的实操能力，完成实训一的对刀操作。

### 【实训条件】

数控车床、外圆车刀、端面车刀、百分表。

### 【实训步骤】

图 1-33 所示为阶梯轴，在各种加工中经常用到。本实训要求仔细阅读零件图样，在教师指导下进行加工工艺分析和工艺准备，采用试切法对刀。

### 一、工艺分析

该零件属于表面形状简单、精度和表面粗糙度没有特殊要求的回转轴类零件。零件材料为 45 钢，毛坯为 $\phi$28mm 的棒料，长度不限，无热处理和硬度要求，选用数控车床进行加工。

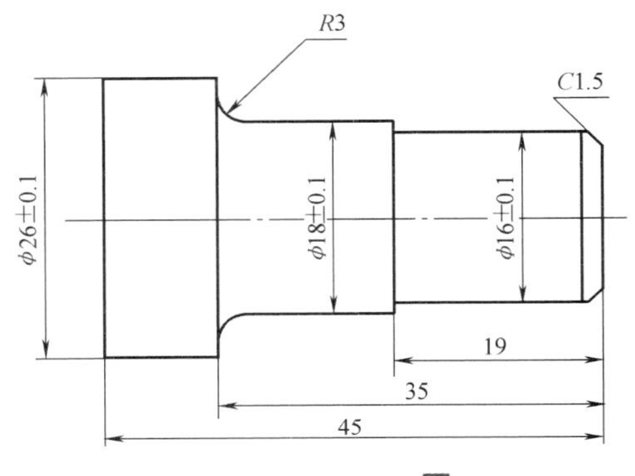

图 1-33　阶梯轴

### 二、工艺准备

#### 1. 确定装夹方式

自定心卡盘是数控车床最常见的夹具，采用自定心卡盘夹持工件左端，一般不需要找正，装夹速度较快。编程原点设定在工件右端面与中心线的交点处。

#### 2. 确定加工顺序及进给路线

加工顺序按照由粗到精、由近到远的原则确定。

进给路线的确定首先必须保证被加工零件的尺寸精度和表面质量，其次考虑数值计算简单、进给路线尽量短等问题。进给路线基本是沿零件轮廓顺序进行的，如图 1-34 所示。

#### 3. 选择刀具

粗车及平端面选用 93°外圆车刀，刀具材料为高速钢。由于零件结构简单，没有特殊要求，精车也选用 93°外圆车刀。

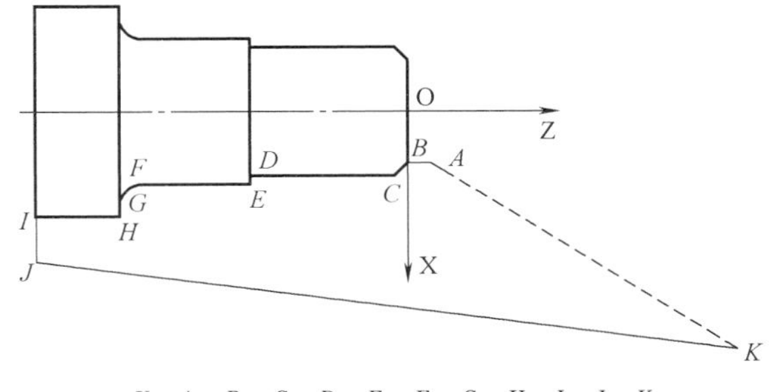

图 1-34　进给路线

#### 4. 选择切削用量

1）背吃刀量 $a_p$。

轮廓粗车循环时单边切入，$a_p=2$mm；精加工余量为 0.4mm（直径值）。

2）主轴转速 $n$。

粗车时 $n = 400\text{r/min}$，精车时 $n = 70\text{r/min}$。

**5. 进给速度 $v_f$**

粗车时 $v_f = 0.15 \sim 0.2\text{mm/r}$，精车时 $v_f = 0.05\text{mm/r}$。

## 【试切法对刀】

1）用外圆车刀切削工件外圆，然后刀具沿+Z 方向退出时，保持 X 轴方向不动，测量试切后的工件直径，然后把该数值输入到 NC 系统相应的位置并确认。

2）用外圆车刀切削工件端面，然后刀具沿+X 方向退出时，保持 Z 轴方向不动，然后把该位置数据（$Z_0$）输入到 MC 系统相应的位置并确认。

## 【注意事项】

**1. 装夹工件时的注意事项**

1）工件伸出长度要考虑零件的加工长度及必要的安全距离。

2）考虑消除工件右端的跳动问题，通常需要用百分表对工件外伸端进行找正。保证待加工毛坯轴线与机床轴线一致。

**2. 安装刀具时的注意事项**

将外圆车刀安装到 1 号刀位，刀尖与工件中心等高，并夹紧。

安装车刀时要注意以下三点：

1）刀头不宜伸出太长，否则切削时容易产生振动，影响工件加工精度和表面质量。一般刀头伸出长度不超过刀杆厚度的两倍，能看见刀尖车削即可。

2）刀尖应与车床主轴中心线等高。

3）车刀底面的垫片要平整，并尽可能用厚垫片，以减少垫片数量。调整好刀尖高度后，紧固。

## 【知识链接】

**1. 数控车床运动方向的命名**

工件直径方向为 X 轴，工件长度方向为 Z 轴，趋近工件为负方向，远离工件为正方向。

**2. 试切法对刀**

1）用外圆车刀切削工件外圆，刀具沿+Z 方向退出时，保持 X 轴方向不动，测量试切后的工件直径，然后将该数值输入到 NC 系统相应的位置并确认。

2）用外圆车刀切削工件端面，刀具沿+X 方向退出时，保持 Z 轴方向不动，然后将该位置数据（$Z_0$）输入到 NC 系统相应的位置并确认。

## 【实训总结】

描述试切法的对刀过程。

| 成绩 | 优秀 | 良好 | 合格 |
| --- | --- | --- | --- |
| 教师评价 | | | |
| 组内互评 | | | |
| 自评 | | | |
| 总评 | | | |

## 实训二　二维轮廓加工

### 【实训目的】

掌握在数控铣床上采用试切法对刀的步骤，建立学生操作数控铣床的信心，锻炼学生的实操能力，完成实训二的加工操作。

### 【实训条件】

数控铣床、立铣刀、百分表。

### 【实训步骤】

图 1-35 所示零件需要进行二维轮廓加工，本实训要求仔细阅读零件图样，进行加工工艺分析和工艺准备。

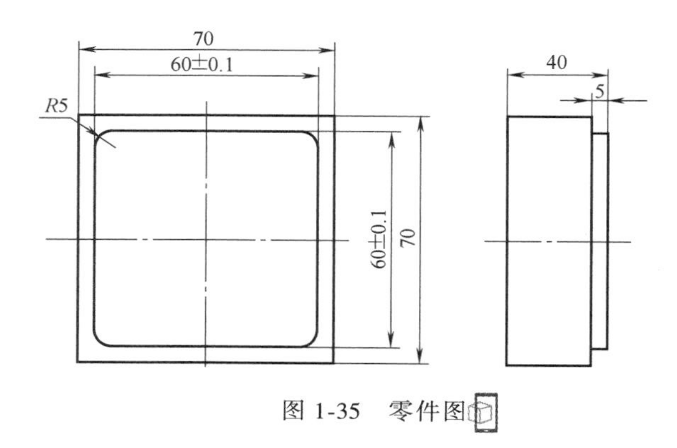


图 1-35　零件图

### 一、工艺分析

该零件表面基本平整，需要对上表面进行加工。本实训采用手动加工。为方便加工，确定该工件的下刀点为工件右下角，用铣刀试切工件上表面，碰到工件表面后向 X 轴的正向移动直到移出工作区域，从该位置开始加工。

第一步，加工基准面。

第二步，加工外轮廓，进行对刀操作，执行加工程序。

### 二、工艺准备

#### 1. 确定装夹方式

数控铣床中常用的夹具有机用平口钳（图 1-36）、分度头、自定心卡盘和平台夹具等，本实训项目采用机用平口钳装夹。

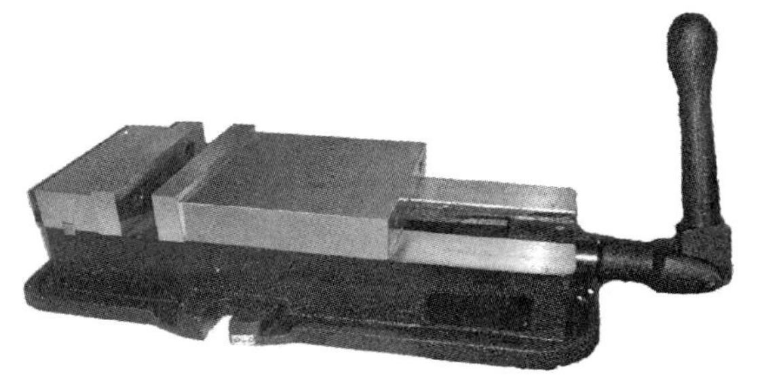

图 1-36　机用平口钳

#### 2. 选择及安装刀具

数控铣床常用的刀具由刀柄、刀体、刀

片和相关附件构成，其中刀柄、刀体和相关附件是成系列的。数控铣床用刀具种类较多，一般分为铣削类、镗削类和钻削类。

此实训中，铣削平面采用面铣刀，刀具直径为 50mm，刀片材料为硬质合金。铣削外轮廓采用高速工具钢立铣刀，刀具直径为 10mm。

### 3. 确定进给路线

铣削平面进给路线：采用先粗后精的原则，粗铣从右下角开始头尾双向加工，精加工采用单向进给加工。图 1-37a 所示为粗加工进给路线，图 1-37b 所示为精加工进给路线。

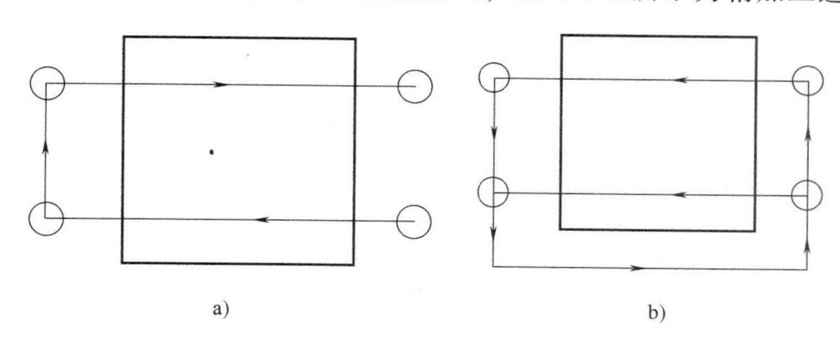


图 1-37　铣削平面进给路线
a）粗加工进给路线　b）精加工进给路线

铣削外轮廓进给路线：起点→$A$（加 G41）→$B$→$C$→$D$→$E$→$F$→$G$→$H$→$I$→$J$→终点（G40），如图 1-38 所示。

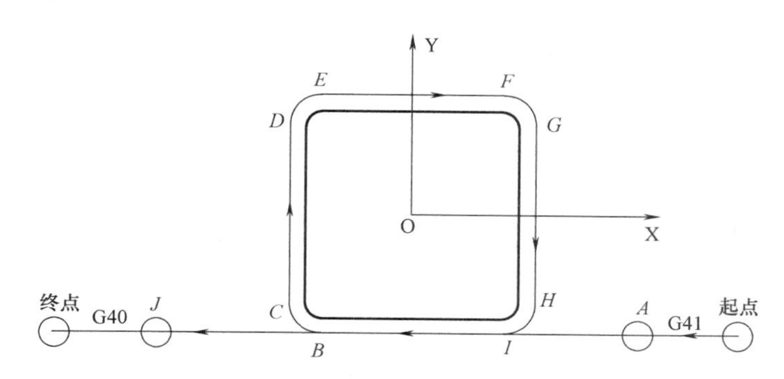


图 1-38　铣削外轮廓进给路线

### 4. 任务实施

（1）开机　接通电源，打开机床电源开关及钥匙开关，按“启动”按钮。

（2）回参考点操作　按一下控制面板上的“回零”按钮，确保系统处于“回零”方式，再按一下+Z 方向键，Z 轴回到参考点同时指示灯变亮。用同样的方法使 Y 轴、X 轴回参考点，所有轴回参考点后，即建立了机床坐标系（为了保证安全，注意要让 Z 轴先回参考点）。

（3）安装夹具

1）将机用平口钳安装在数控铣床工作台面上，两固定钳口与 X 轴基本平行并张开到最大。

2）把装有杠杆百分表的磁性表座吸在主轴上。

3）使杠杆百分表的测头与固定钳口接触。

4）在X轴方向找正，直到使百分表的指针在一个格内晃动为止，最后拧紧机平口钳固定螺母。

5）取下磁性表座。

（4）安装工件

1）根据工件的高度情况在机用平口钳钳口内放入形状合适的垫铁后，再放入工件。一般使工件的基准面朝下，与垫铁表面靠紧，然后固紧机用平口钳。安装前应对工件、钳口和垫铁的表面进行清理，以免影响加工质量。

2）把装有杠杆百分表的磁性表座吸在主轴上。

3）在X轴、Y轴两个方向找正，直到使百分表的指针在一个格内晃动为止。

4）取下磁性表座，夹紧工件。

（5）安装刀具

1）装刀步骤：

① 按下操作面板上的“换刀允许”键，指示灯亮。

② 左手握住刀柄，将装好刀具的刀柄放入主轴下端的锥孔中，对齐刀柄。

③ 右手按住“换刀”按钮，直到刀柄锥面与主轴锥孔完全贴合后，松开按钮，刀柄即被夹紧，确认夹紧后方可松手。

④ 刀柄装上后，在手动模式下使主轴转动，检查刀柄是否正确装夹。

2）卸刀步骤：

① 按下操作面板上的“换刀允许”键，指示灯亮。

② 左手握住刀柄，右手按住“换刀”按钮，取下刀柄，用力要适度，注意不要碰伤自己，不要损坏工件和刀具。如果刀具取不下来，用铜棒轻轻地敲击刀柄，使刀柄从主轴锥孔中掉下来，注意要抓紧刀具。换刀过程中严禁主轴旋转。

（6）手动加工　在MDI（手动键盘输入）工作模式下输入主轴转速，按控制面板上的“循环启动”键，使主轴旋转。手动移动刀具至工件右下角，用铣刀试切上表面，轻触后向X轴的正方向移动，移出工作区域，从该位置开始加工。注意查看控制面板上的Z坐标以控制铣削深度。

**【注意事项】**

1）在规定时间内，按零件图样的要求手动完成平面加工。

2）在已经加工完的上表面做外轮廓加工的对刀操作，在数控铣床上利用程序完成自动加工。

**【知识链接】**

## 一、数控铣床对刀

### 1. 对刀

对刀的目的是通过刀具或对刀工具确定工件坐标系原点在机床坐标系中的坐标值，通过对刀建立工件坐标系，以此简化用户编程难度。数控铣床要分别进行 X、Y、Z 三个方向的对刀操作。

**2. 步骤**

（1）X 轴对刀　主轴正转，让刀具靠近工件的左侧，直到有切屑为止，将 X 轴清零；再将刀具抬起靠近工件右侧，有切屑后记下 X 轴坐标，并除以 2，用手轮摇到该坐标值，打开 G54 坐标系输入 X0，按［测量］软键完成 X 轴对刀。

（2）Y 轴对刀　将刀具靠近工件前面，有切屑后将 Y 轴清零；再将刀具抬起靠近工件后面，有切屑后记下 Y 轴坐标，并除以 2，用手轮摇到该坐标值，打开 G54 坐标系输入 Y0，按［测量］软键完成 Y 轴对刀。

（3）Z 轴对刀　将刀具靠近工件上表面，有切屑后打开 G54 坐标系输入 Z0，按［测量］软键完成 Z 轴对刀。

## 二、数控铣床的基本操作

**1. 坐标轴移动**

（1）手动连续进给　按下手动按钮，系统处于手动连续进给方式，这时再按下任意一个坐标轴按钮，可控制机床各坐标轴正向或负向连续移动，若同时按下快进按钮，则产生相应轴的快速运动。

（2）步进/手轮进给　图 1-39 所示为手摇脉冲发生器，按下控制面板上的增量按钮，系统处于手摇进给方式。

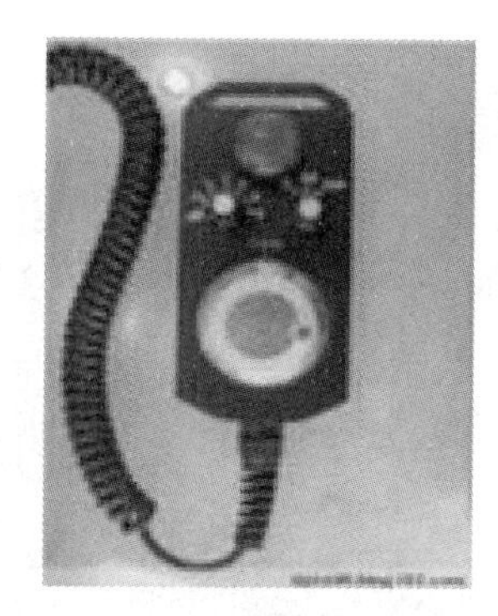

图 1-39　手摇脉冲发生器

**2. 主轴运动**

主轴正转 主轴停止 主轴反转代表主轴正转、停止及反转。

**3. 切削液**

按下冷却开停按钮，指示灯变亮，表示切削液打开；再按一下该按钮，指示灯熄灭，表示切削液关闭。

## 【实训总结】

根据学员自身实训体会，描述铣床对刀操作过程，总结对刀操作过程中出现的问题。

## 【实训评价】

| | 检查内容 | | 检测项目 | 配分 | 评分 |
|---|---|---|---|---|---|
| 基本操作 | 读图及准备 | | 分析图样 | 20 | |
| | 机床操作 | | 操作机床正确、规范 | 20 | |
| | | | 机床的正确使用与维护保养 | 40 | |
| | | | 安全、文明生产 | 20 | |
| 班级 | | 姓名 | | 成绩 | |

# 第三节　数控机床结构

## 一、数控机床的主传动系统

### 1. 主传动系统

图 1-40 所示为数控机床结构图。主传动系统包括主轴电动机、传动系统、主轴部件等，主传动路线是：交流主轴电动机（150~7500r/min 无级调速）→传动系统→主轴，主传动系统如图 1-41 所示。

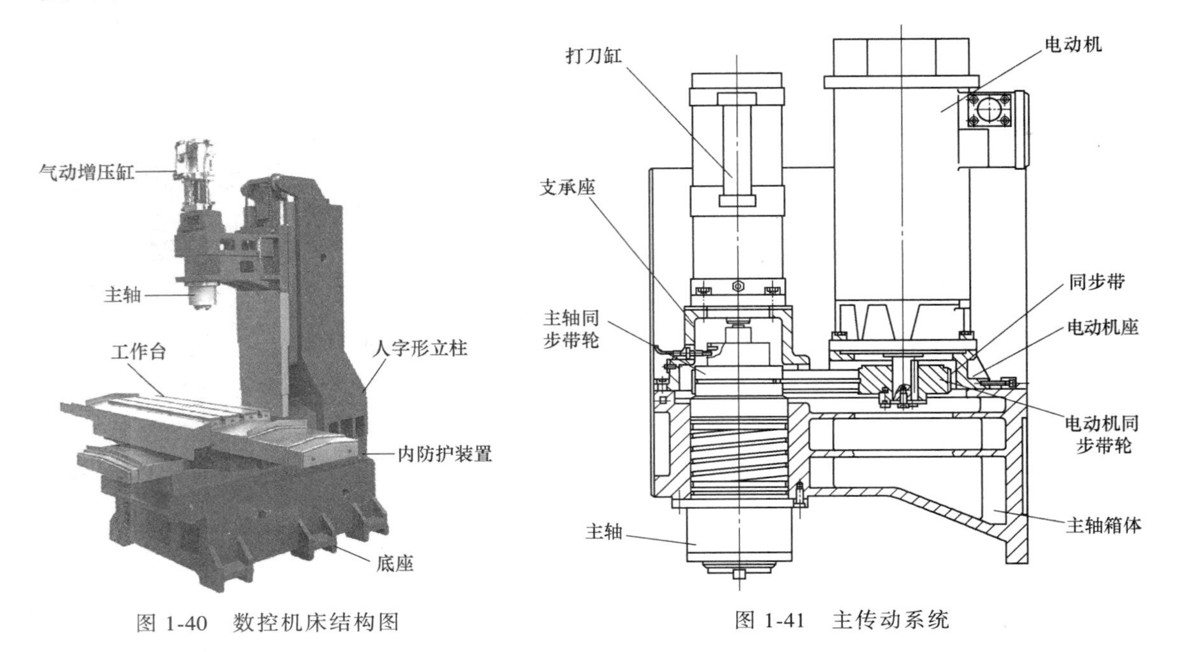


图 1-40　数控机床结构图　　　　图 1-41　主传动系统

### 2. 主轴部件

主轴部件是数控机床的关键部件，包括主轴、主轴支承、安装在主轴上的传动件、密封件、自动夹紧装置、吹屑装置及准停装置等。加工中心主轴如图 1-42 所示。

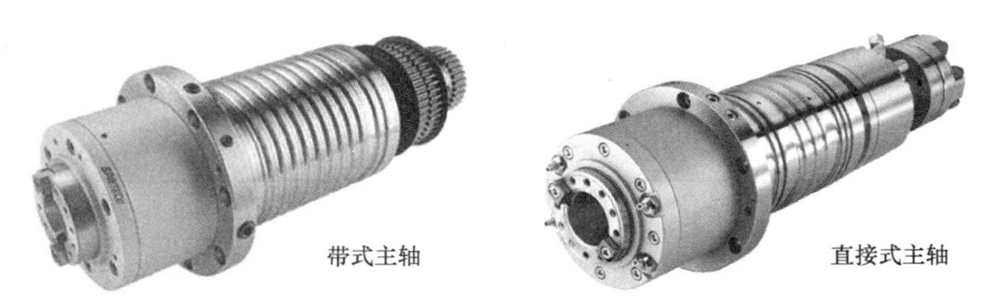


图 1-42　加工中心主轴

（1）主轴端部结构形式　主轴端部用于安装刀具或夹持工件的夹具，其结构形状已标准化，图 1-43 所示为三种主要数控机床主轴端部的结构形式。

图 1-43a 所示为数控车床主轴端部，卡盘依靠前端的短圆锥面和凸缘端面定位，用拨销

传递转矩。卡盘上有固定螺栓，卡盘装于主轴端部时，螺栓从凸缘上的孔中穿过，转动快卸卡板将数个螺栓同时卡住，再拧紧螺母即将卡盘固定在主轴端部。

图 1-43b 所示为数控铣床的主轴端部，主轴前端有 7∶24 锥度的锥孔，用于装夹铣刀刀柄或刀杆。主轴端面有一端面键，既可通过它传递刀具的转矩，又可用于刀具的周向定位。

图 1-43c 所示为外圆磨床砂轮主轴端部。

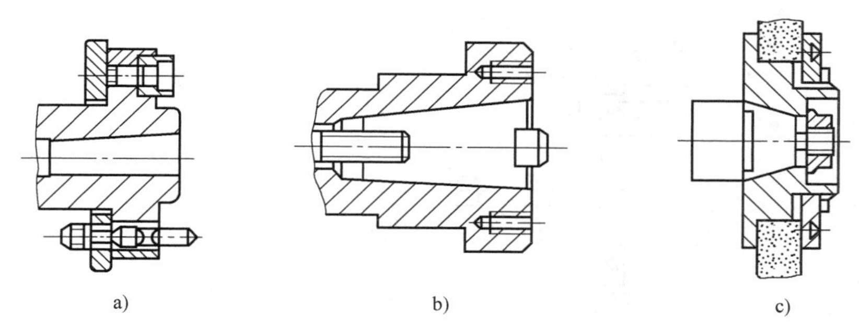

a)　　b)　　c)

图 1-43　三种数控机床主轴端部的结构形式

a）车床　b）铣床　c）磨床

（2）主轴部件的支承　机床主轴多采用滚动轴承作为支承，对于精度要求高的主轴则采用动压或静压滑动轴承作为支承。

主轴常用滚动轴承的类型：

图 1-44a 所示是角接触球轴承，常两个或更多个组配使用，允许主轴的最高转速较高。

图 1-44b 所示是圆柱滚子轴承，只能承受径向载荷，承载能力大，刚性好。

图 1-44c 所示是 60°角接触调心球轴承，一般与双列圆柱滚子轴承配套用作主轴的前支承，其外圈外径为负偏差，只承受轴向载荷。

图 1-44d 所示是圆锥滚子轴承，能同时承受径向和轴向载荷，通常用作主轴的前支承。

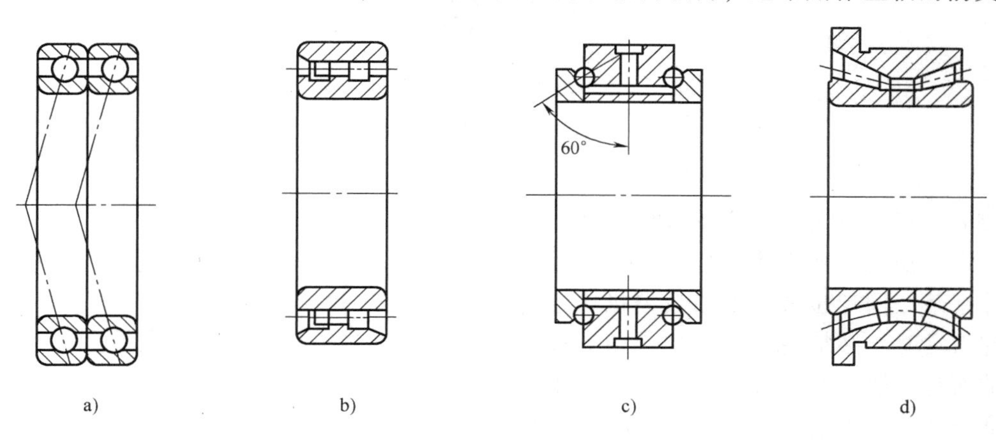


a)　　b)　　c)　　d)

图 1-44　主轴常用滚动轴承

（3）主轴内切屑清除装置　为防止主轴锥孔中落入切屑、灰尘或其他污物，导致在拉紧刀杆时，锥孔表面和刀具锥柄被划伤，甚至使刀杆偏斜破坏正确定位，影响加工精度，在松开刀具刀柄时常用压缩空气由喷口经过主轴中间通孔吹出，将锥孔清理干净。

（4）主轴部件的润滑与密封　主轴部件的润滑与密封是数控机床使用和维护过程中值

得重视的问题，良好的润滑可以降低轴承的工作温度、延长使用寿命，密封不仅可防止灰尘、切屑和切削液进入主轴部件，还可防止润滑油的泄漏。主轴轴承的润滑方式有油脂润滑、油液循环润滑、油雾润滑、油气润滑等。主轴密封有接触式密封（图 1-45a）和非接触式密封（图 1-45b）两种。

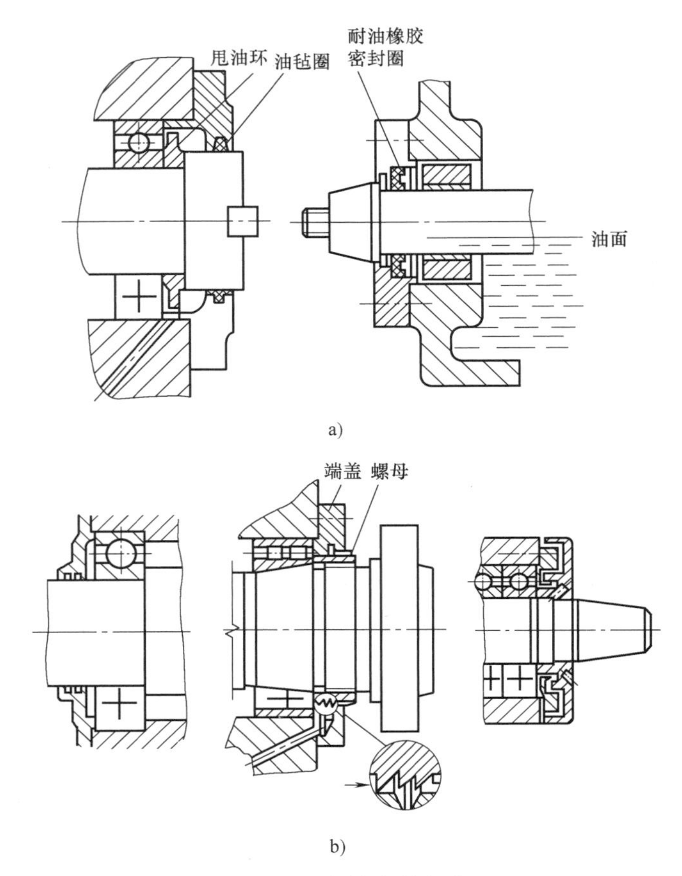


图 1-45　主轴密封方式

a）接触式密封　b）非接触式密封

（5）主轴准停装置　主轴准停功能又称为主轴定位功能，即当主轴停止时，能够准确地停于某一固定位置。如在数控机床上自动装卸刀具时，必须使刀柄上的键槽对准主轴的端面键，如图 1-46 所示，这就要求主轴具有准停功能。主轴准停是实现 ATC（刀具自动交换）过程的重要环节。

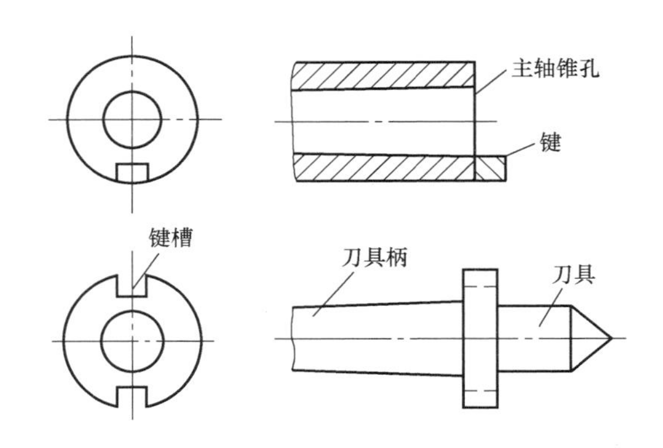


图 1-46　刀柄键槽及主轴端面键

如图 1-47 所示，在带动主轴旋转的多楔带轮端面上装有一个厚垫片，垫片上装有一个体积很小的永久磁铁 4，在对应于主轴准停位置的主轴箱箱体上装有磁传感器 5。当

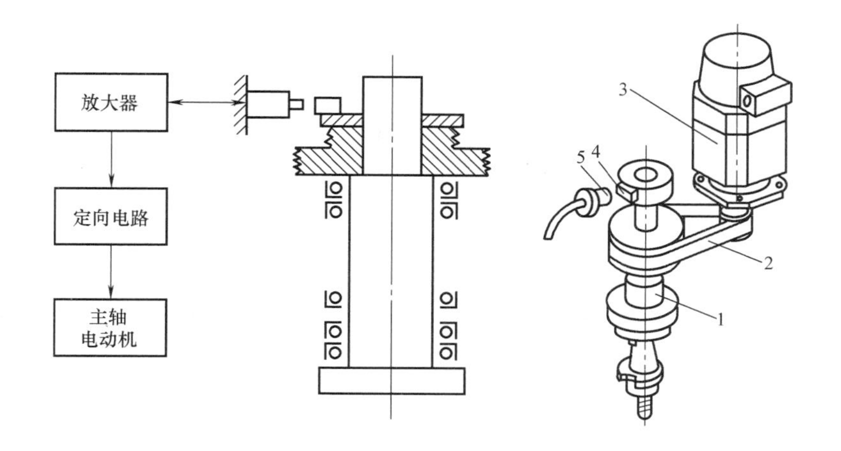


图 1-47　主轴准停装置及其电气控制

1—主轴　2—同步感应器　3—主轴电动机　4—永久磁铁　5—磁传感器

机床需要停车换刀时，数控装置发出主轴停转的指令，主轴电动机立即降速，当主轴以最低转速慢速转动，永久磁铁 4 对准磁传感器 5 时，磁传感器发出准停信号，该信号经放大后，由定向电路控制主轴电动机停在规定的周向位置上。

## 二、数控机床进给运动传动部分

### 1. 进给传动系统

数控机床的进给传动系统采用伺服进给系统来实现。伺服进给系统的作用是将数控系统发出的指令信息放大后控制执行部件运动，它不仅控制进给运动的速度，同时还精确控制刀具相对于工件的移动轨迹和坐标位置。

图 1-48 所示为数控工作台传动系统的结构，图 1-49 所示伺服进给系统主要由伺服电动机、滚珠丝杠、支承零件等组成。

为确保数控机床进给传动系统的传动精度和工作平稳性等，其应满足如下要求：

1）运动件的摩擦阻力小。

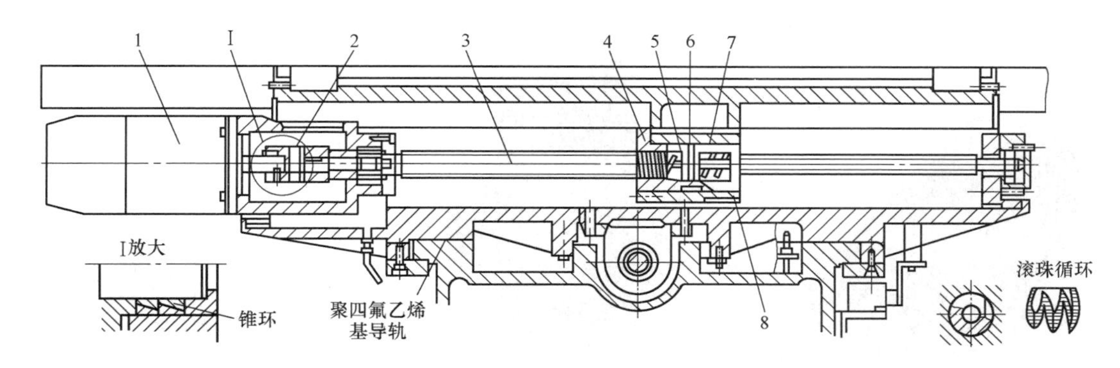


图 1-48　数控工作台传动系统的结构图

1—直流伺服电动机　2—滑块联轴器　3—滚珠丝杠　4—左螺母

5—键　6—半圆垫片　7—右螺母　8—螺母座

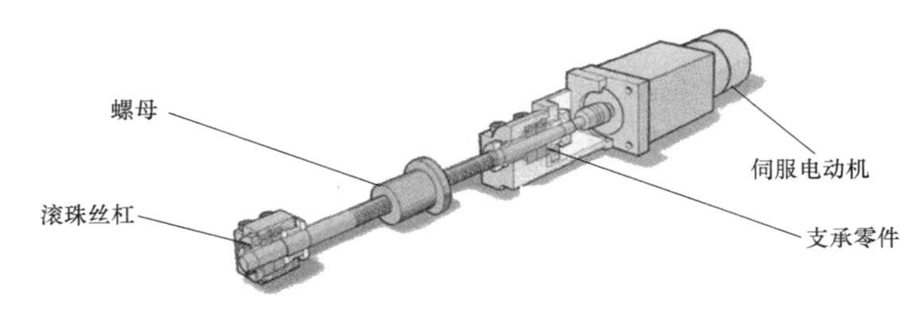


图 1-49　伺服进给系统

2）转动惯量小。

3）传动精度与定位精度高。

4）传动刚度高。

**2. 联轴器**

联轴器是用来连接进给机构的两根轴，使之一起回转，以传递转矩和运动的一种装置。机器运转时被连接的两轴不能分离，只有停机后将联轴器拆开，两轴才能脱开。联轴器的类型繁多，有液压式、电磁式和机械式联轴器。机械式联轴器是应用最广泛的一种，它借助于构件相互间的机械作用力来传递转矩。

（1）套筒联轴器　套筒联轴器由连接两轴轴端的套筒和连接套筒与轴的连接件组成，如图 1-50 所示。

特点：构造简单、径向尺寸小，应保证被连接两轴的同轴度要求，且装拆困难。

应用：机床中应用广泛。

（2）凸缘联轴器　凸缘联轴器把两个带有凸缘的半联轴器分别与两轴通过螺栓连接连成一体，以传递动力和转矩，如图 1-51 所示。

特点：构造简单、成本低、可传递较大转矩，应保证被连接两轴的同轴度要求，如不能达到要求会产生附加载荷。

应用：对中性好，适用于低速、刚度大、无冲击的场合。

（3）夹壳联轴器　夹壳联轴器利用两个沿轴向剖分的夹壳，用螺栓夹紧以实现两轴连接，靠两半联轴器表面间的摩擦力传递转矩，利用平键作为辅助连接，如图 1-52 所示。

图 1-50　套筒联轴器

图 1-51　凸缘联轴器

图 1-52　夹壳联轴器

（4）牙嵌联轴器　如图 1-53 所示。

特点：允许轴向位移。

（5）滑块（十字滑块）联轴器　如图 1-54 所示。

特点：允许径向位移。

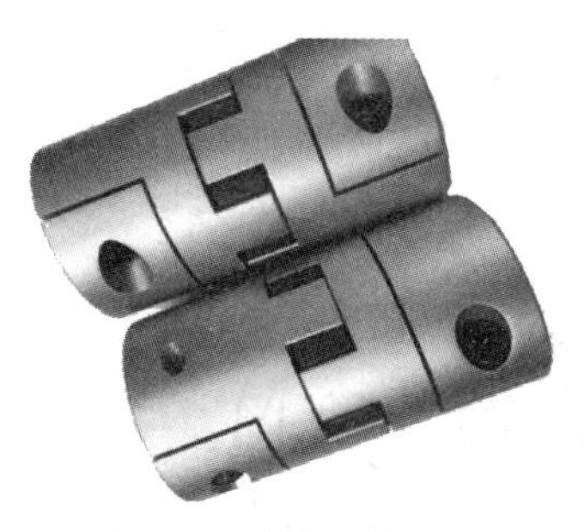

图 1-53　牙嵌联轴器

图 1-54　十字滑块联轴器

（6）万向联轴器　如图 1-55 所示。

特点：允许较大角位移。

（7）锥环联轴器　如图 1-56 所示。

特点：没有方向间隙，是安全联轴器。

图 1-55　万向联轴器

图 1-56　锥环联轴器

（8）波纹管联轴器　如图 1-57 所示。

**3. 滚珠丝杠螺母副**

（1）应用　滚珠丝杠螺母副是数控机床上常用的将回转运动转换为直线运动的传动装置，如图 1-58 所示。

图 1-57　波纹管联轴器

图 1-58　滚珠丝杠螺母副

（2）结构形式　常用的循环方式有两种：

1）外循环：滚珠在循环过程结束后通过螺母外表面的螺旋槽或插管返回丝杠螺母中重

新进入循环。滚珠每一个循环闭路称为列，每个滚珠循环闭路内所含导程数称为圈数，外循环每列有 1.5 圈、2.5 圈、3.5 圈等，一般 1 个螺母 1 列。外循环结构和制造工艺简单，使用较广泛，缺点是滚道接缝处不平滑，平稳性不佳，易卡珠。

2）内循环：滚珠始终与丝杠保持接触，采用反向器实现滚珠循环，如图 1-59 所示。内循环每个螺母有 2 列、3 列、4 列、5 列等，每列只有 1 圈。内循环结构紧凑、定位可靠、刚性好，不易磨损，返回滚道短，不易卡珠且摩擦损失小，缺点是结构复杂、制造困难。

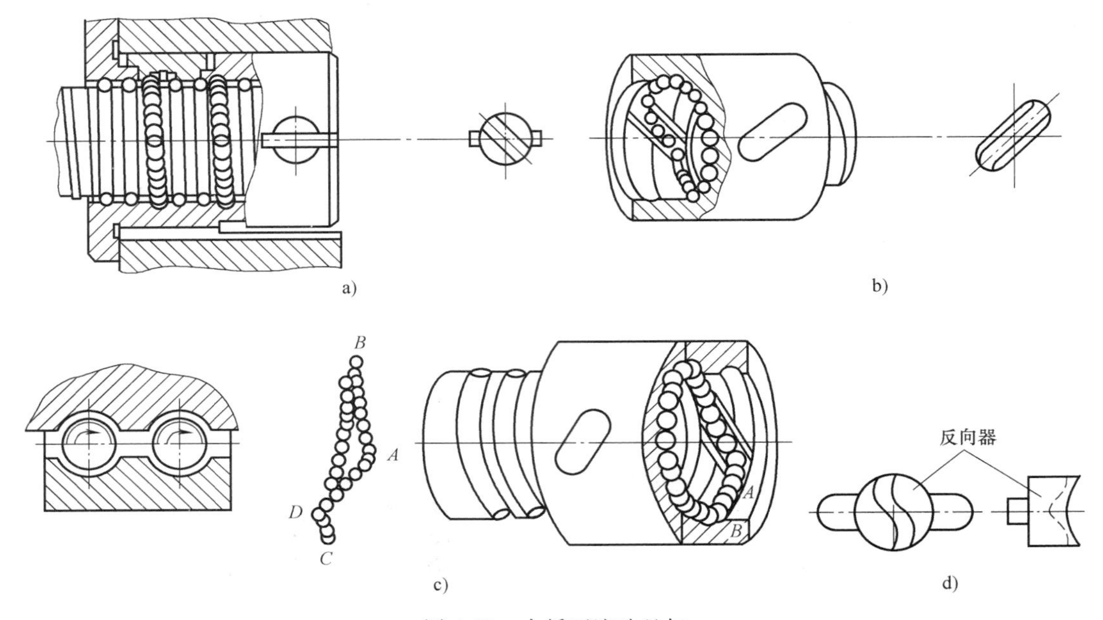


图 1-59　内循环滚珠丝杠

（3）特点

1）摩擦损失小，传动效率高，可达 90%～96%，功率消耗只相当于常规丝杠螺母副的 1/4～1/3。

2）采用双螺母预紧后，可消除丝杠和螺母的螺纹间隙，提高传动刚度。

3）摩擦阻力小，动、静摩擦力之差极小，能保证运动平稳，不易产生低速爬行现象。

4）不能自锁，有可逆性，既能将旋转运动转换为直线运动，又能将直线运动转换为旋转运动。

5）运动速度受到一定限制，传动速度过高时，滚珠在其回路管道内易产生卡珠现象。

6）制造工艺复杂。

**4. 导轨**

（1）滚动导轨　滚动导轨由滚珠、滚柱（或滚针）等滚动件在导轨块与导轨面之间做滚动循环，使得负载平台能沿着导轨做线性运动。滚动导轨常见的结构类型有滚动导轨块和直线滚动导轨。

1）滚动导轨块。标准滚动导轨块如图 1-60 所示，使用时导轨块安装在运动部件上，当运动部件移动时，滚柱 3 在支承部件的导轨面与本体 6 间滚动，同时绕本体 6 循环滚动。为保证良好的刚性，此结构需做预紧。

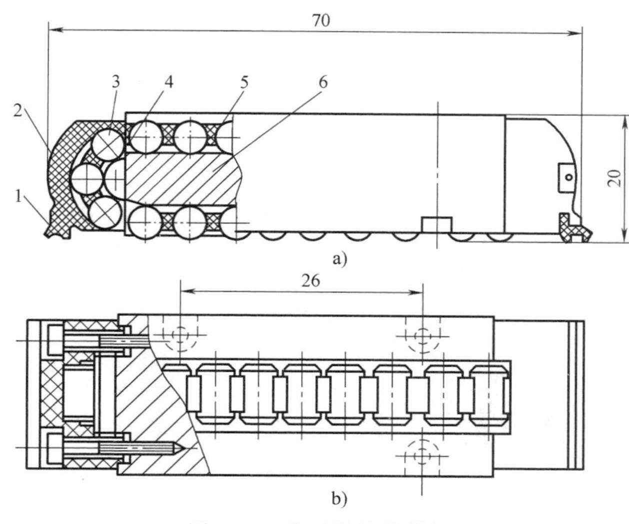


图 1-60　滚动导轨块结构

1—防护板　2—端盖　3—滚柱　4—导向片　5—保持器　6—本体

2）直线滚动导轨。如图 1-61 所示，直线滚动导轨由导轨体 1、滑块 7、滚珠 4、保持器 3、端盖 6 等组成。使用时，导轨固定在床身上（不运动），滑块固定在运动部件上，当滑块沿导轨体移动时，滚珠在导轨体和滑块间的圆弧直槽内滚动，并通过端盖内的滚道从工作负荷区运动到非负荷区再回到负荷区形成循环，从而将移动变成滚珠的滚动。该结构无间隙，已做预紧。

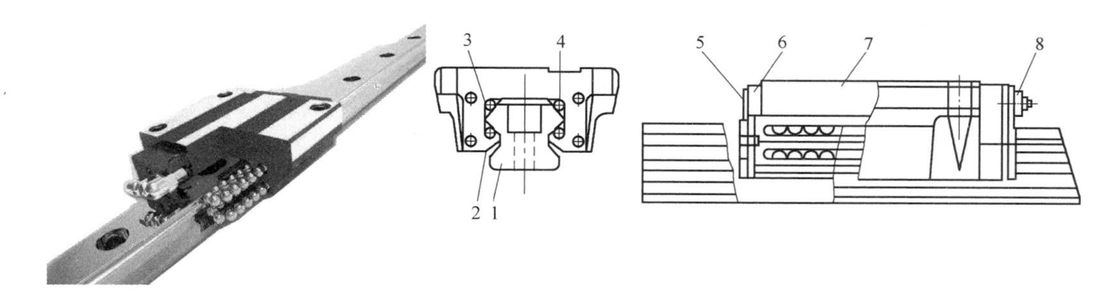


图 1-61　直线滚动导轨的外形和结构

1—导轨体　2—侧面密封垫　3—保持器　4—滚珠　5—端部密封垫　6—端盖　7—滑块　8—润滑油杯

（2）静压导轨　静压导轨是指在导轨滑动面间开有油槽，通以一定压力的液压油形成压力油膜，使运动部件浮起，使导轨工作面处于纯液体摩擦。其特点是无磨损，精度保持性好，摩擦系数小，摩擦发热小，所需驱动功率小，运动不受速度和负载限制，低速无爬行现象，承载能力大，刚性好；油液有吸振作用，抗震性好，但结构复杂，要具备液压系统且对油液的清洁度要求高，一般用在重型机床上，如图 1-62 所示。

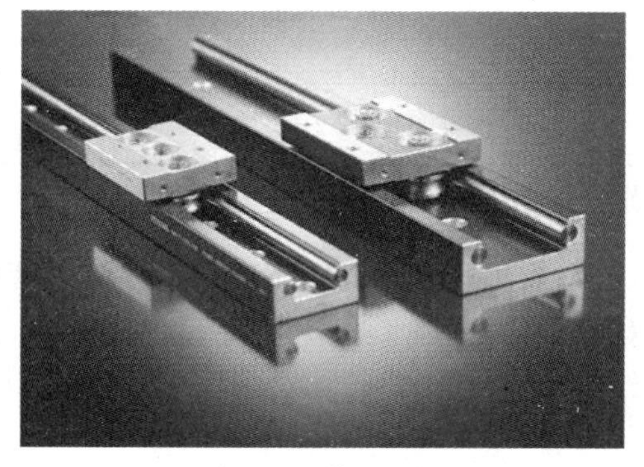

图 1-62　静压导轨

### 5. 数控回转工作台

数控机床的圆周进给运动一般由数控回转工作台来实现。数控回转工作台除了可以实现圆周进给运动外，还可以完成分度运动。数控回转工作台的外形和分度工作台没有很大的区别，在结构上则具有一系列的特点，如图 1-63 所示。

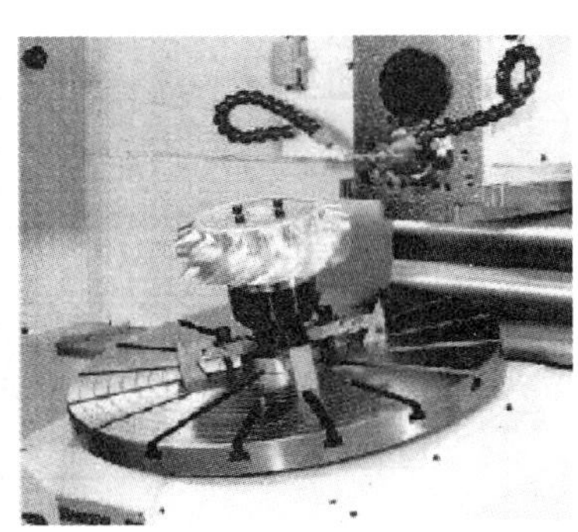

图 1-63　数控回转工作台

## 三、自动换刀装置

### 1. 自动换刀装置的形式

各类数控机床自动换刀装置的结构与数控机床的类型、工艺范围、使用刀具种类和数量有关。常用自动换刀装置的类型、特点及适用范围见表 1-2。

**表 1-2　常用自动换刀装置的类型、特点及适用范围**

| 类型 | | 特点 | 适用范围 |
| --- | --- | --- | --- |
| 转塔刀架 | 回转刀架 | 顺序换刀，换刀时间短，结构简单、紧凑，容纳的刀具较少 | 各种数控车床 |
| | 转塔头 | 顺序换刀，换刀时间短，刀具主轴都集中在转塔头上，结构紧凑，但刚性较差，刀具主轴数受限制 | 数控钻床、镗床 |
| 刀库 | 刀库与主轴之间直接换刀 | 换刀运动集中，运动部件少。但刀库运动多，布局不灵活，适应性差 | 根据工艺范围和机床特点，确定刀具容量和自动换刀装置类型，用于加工中心、数控镗铣床，各类车床 |
| | 用机械手配合刀库换刀 | 刀库只有选刀运动，机械手进行换刀运动，比刀库换刀运动惯性小，速度快 | |
| | 用机械手、运输装置配合刀库换刀 | 换刀运动分散，由多个部件实现，运动部件多，但布局灵活，适应性好 | |
| 有刀库的转塔头换刀装置 | | 弥补转塔刀架换刀数量少的缺点，换刀时间短 | 扩大工艺范围的各类转塔式数控机床 |

### 2. 数控车床方刀架自动换刀装置

数控车床方刀架是在普通车床方刀架的基础上发展的一种自动换刀装置，它有 4 个刀位，能同时装夹 4 把刀具，刀架回转 90°，刀具变换一个刀位，方刀架的回转和刀位号的选择由加工程序指令控制。图 1-64 所示为数控车床方刀架的结构。

换刀过程如下：

1）刀架抬起：当数控装置发出换刀指令后，电动机 1 起动正转，通过传动装置使得刀

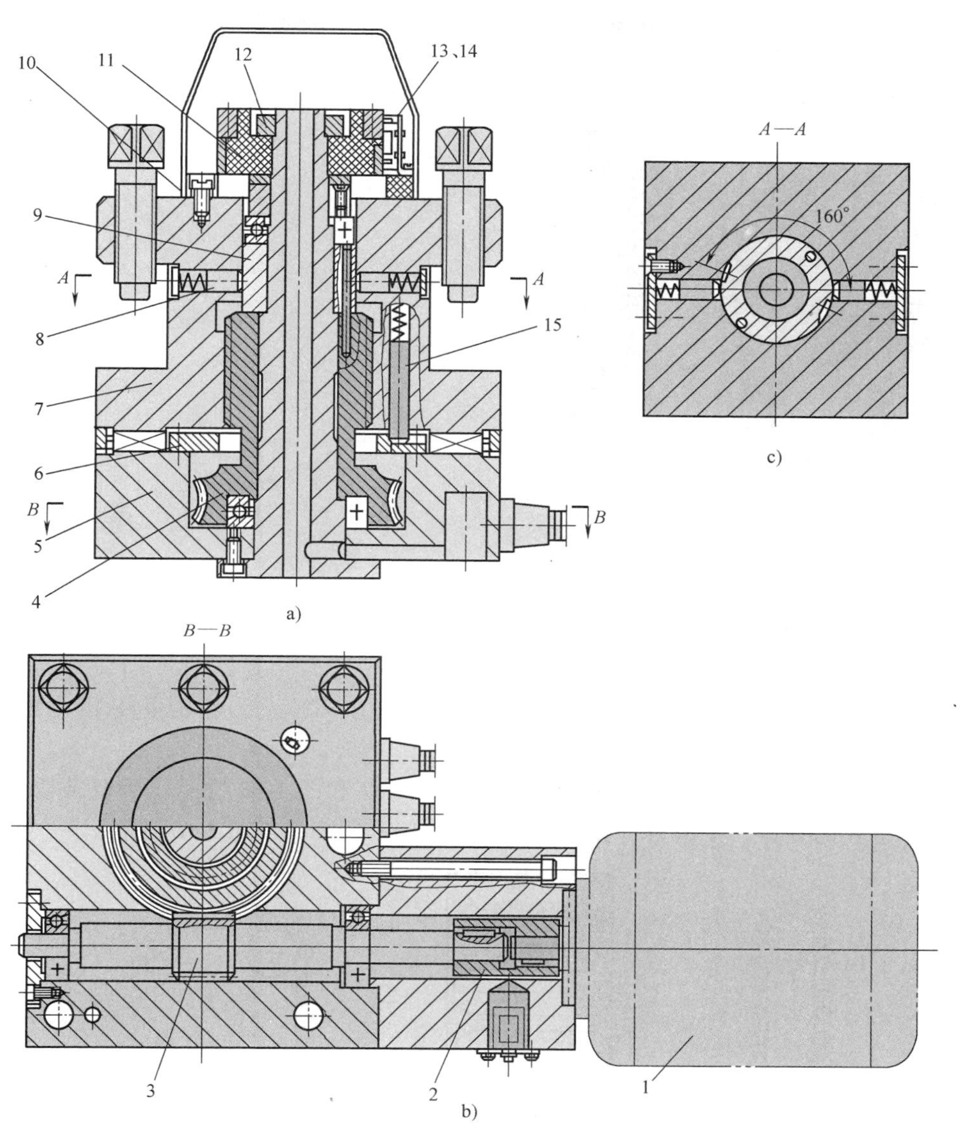


图 1-64　数控车床方刀架的结构

1—电动机　2—联轴器　3—蜗杆轴　4—蜗轮丝杠　5—刀架底座　6—粗定位盘　7—刀架体　8—球头销　9—转位套　10—电刷座　11—发信体　12—螺母　13、14—电刷　15—粗定位销

架体 7 抬起。

2）刀架转位：当刀架体 7 抬至一定距离后，通过传动装置带动刀架体转位。

3）刀架定位：刀架体 7 转动到程序指令要求的刀号时，刀架体 7 垂直落下。

4）夹紧：当刀架定位后，被锁紧机构锁紧。

**3. 刀库**

刀库是存放加工过程中所使用的全部刀具的装置，存放刀具的数量从几十把到上百把。加工中心刀库的形式很多，结构也各不相同，常用的有鼓盘式刀库和链式刀库。

（1）鼓盘式刀库　鼓盘式刀库结构简单、紧凑，在钻削中心上应用较多，一般存放刀具的数量不超过32把，有轴向取刀和径向取刀形式，如图1-65和图1-66所示。目前大部分的刀库安装在机床立柱的顶面和侧面，当刀库容量较大时，为了防止刀库转动造成振动对加工精度有所影响，有的刀库安装在单独的地基上。

图1-65　鼓盘式刀库轴向取刀

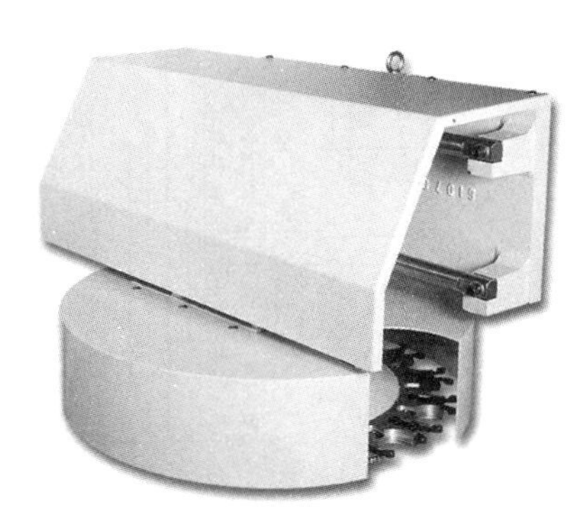

图1-66　鼓盘式刀库径向取刀

（2）链式刀库　链式刀库是在环形链条上装有许多刀座，刀座的孔中装夹各种刀具，其刀具容量大，但刀库定位精度低。

链式刀库有单环链式和多环链式等几种，如图1-67和图1-68所示。当链条较长时，可以增加支承链轮的数量，使链条折叠回绕，提高空间利用率，如图1-67c所示。

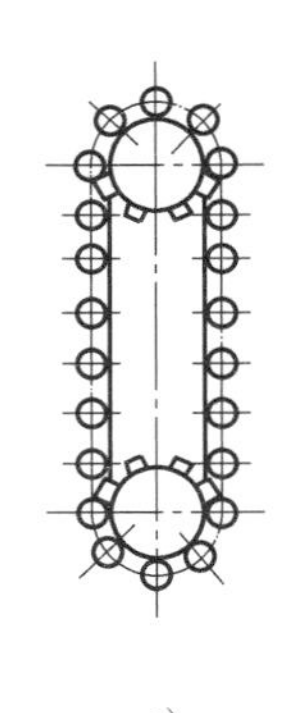

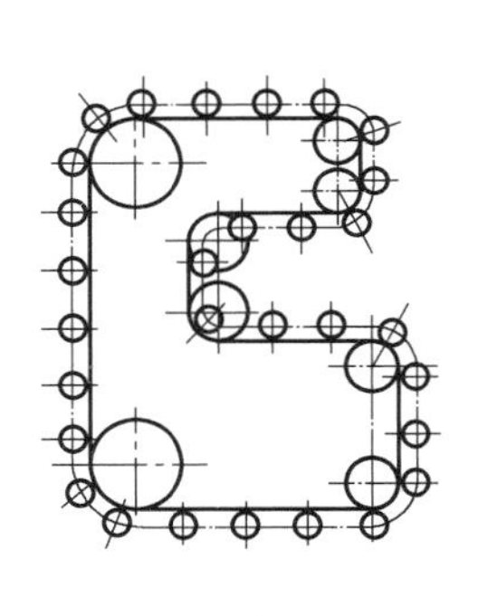

a)　b)　c)

图1-67　各种链式刀库

a）单环链式　b）多环链式　c）折叠链式

4. 刀具的选择

按数控装置的刀具选择指令，从刀库中挑选各工序所需要的刀具的操作称为自动选刀。

常用的选刀方式有顺序选刀和任意选刀。

（1）顺序选刀　将刀具按加工工序的顺序，一次放入刀库的每一个刀座内，刀具顺序不能搞错。

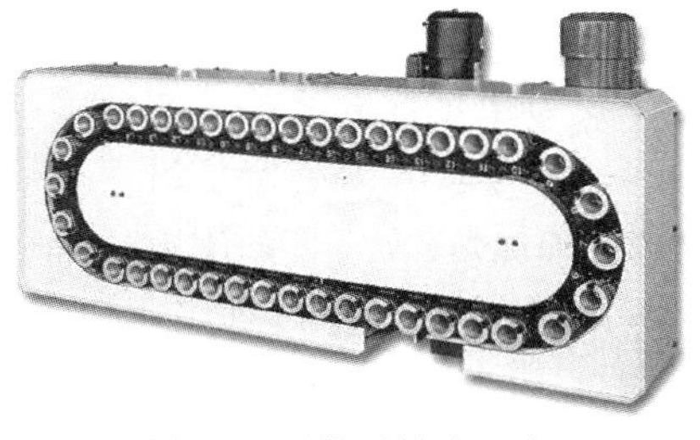

图1-68　单环链式刀库

当加工工件改变时，刀具在刀库中的排列顺序也要改变。这种选刀方式的缺点是同一工件上的相同刀具不能重复使用，因此刀具的数量增加，降低了刀具和刀库的利用率，优点是刀具控制装置以及刀库的运动等比较简单。

（2）任意选刀 预先把刀库中的每把刀具（或刀座）都编上编码，按照编码选刀，刀具在刀库中不必按照工件的加工顺序排列。任意选刀有刀具编码式、刀座编码式、附件编码式、计算机记忆式四种方式。下面介绍前两种方式。

1）刀具编码式选刀：采用一种特殊的刀柄结构，并对每把刀具进行编码。换刀时通过编码识别装置，根据换刀指令代码在刀库中寻找所需要的刀具。

由于每一把刀都有自己的编码，因而刀具可以放入刀库的任何一个刀座内，这样不仅刀库中的刀具可以在不同的工序中多次重复使用，而且换下来的刀具也不必放回原来的刀座，这对装刀和选刀都十分有利，刀库的容量相应减少，而且可避免由于刀具顺序的差错所造成的事故。但每把刀具上都带有专用的编码系统，刀具长度增加，制造困难，刚度降低，刀库和机械手的结构变得复杂。

刀具编码识别有两种方式：接触式编码识别和非接触式编码识别。接触式编码识别的刀柄结构如图 1-69 所示，在刀柄尾部的拉紧螺杆上套装着一组等间隔的编码环，并由锁紧螺母将它们固定。图 1-70 所示为接触式编码识别装置。

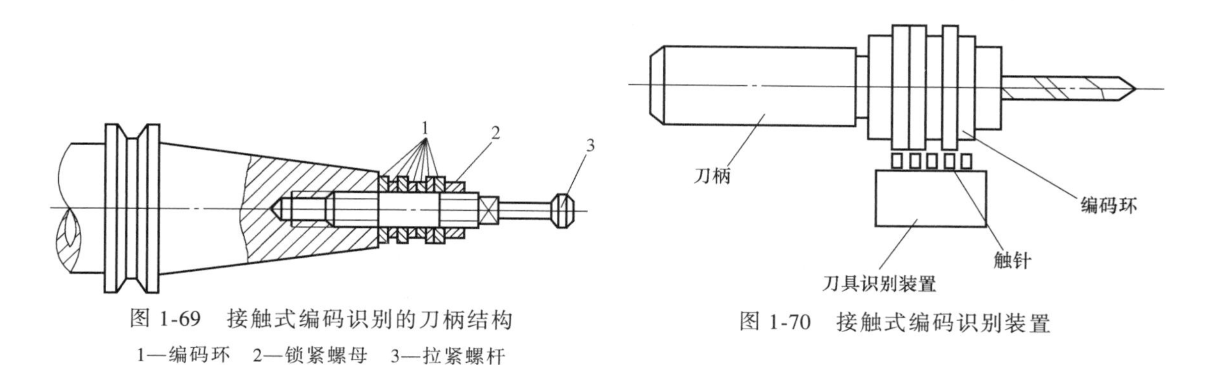


图 1-69 接触式编码识别的刀柄结构

1—编码环 2—锁紧螺母 3—拉紧螺杆

图 1-70 接触式编码识别装置

接触式编码识别装置结构简单，但可靠性较差，寿命较短，而且不能快速选刀。

2）刀座编码式选刀（图 1-71）：是对刀库中所有的刀座预先编码，一把刀具只能对应一个刀座，从一个刀座中取出的刀具必须放回同一刀座中，否则会造成事故。这种编码方式取消了刀柄中的编码环，使刀柄结构简化，长度变短，刀具在加工过程中可重复使用，但必须把用过的刀具放回原来的刀座，送取刀具麻烦，换刀时间长。

**5. 刀具交换装置**

数控机床的自动换刀装置中实现刀库与机床主轴之间刀具传递和刀具装卸的装置称为刀具交换装置。自动换刀的刀具固紧在专用刀夹内，每次换刀时将刀夹直接装入主轴。刀具的交换方式分为机械手换刀和无机械手换刀两类。

（1）机械手换刀 采用机械手进行刀具交换的方式应用最为广泛，具有很大的灵活性，换刀时间也较短，其分解动作如图 1-72 所示。

图 1-72a：机械手抓刀爪伸出，抓住刀库上的待换刀具，刀库刀座上的锁板拉开。

图 1-72b：机械手带着待换刀具绕竖直轴逆时针方向转 90°，与主轴轴线平行，另一个抓刀爪抓住主轴上的刀具，主轴将刀具松开。

图 1-72c：机械手前移，将刀具从主轴锥孔内拔出。

图 1-72d：机械手绕自身水平轴转 180°，将两把刀具交换位置。

图 1-72e：机械手后退，将新刀具装入主轴，主轴将刀具锁住。

图 1-72 f：抓刀爪缩回，松开主轴上的刀具，机械手绕竖直轴顺时针方向转 90°，将刀具放回到刀库相应的刀座上，刀库上的锁板合上。

最后，抓刀爪缩回，松开刀库上的刀具，恢复到原始位置。

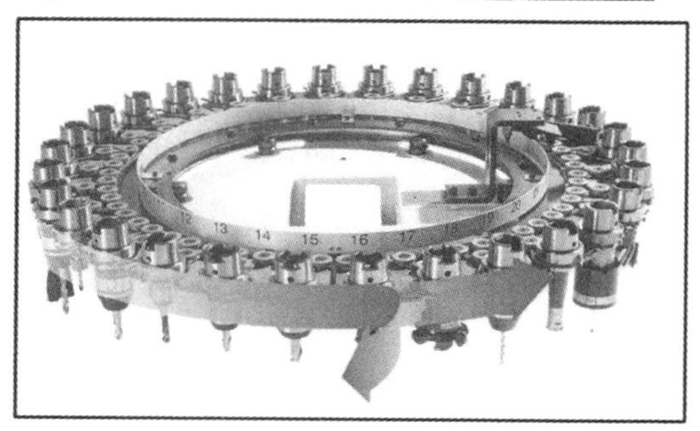

图 1-71　刀座编码式选刀

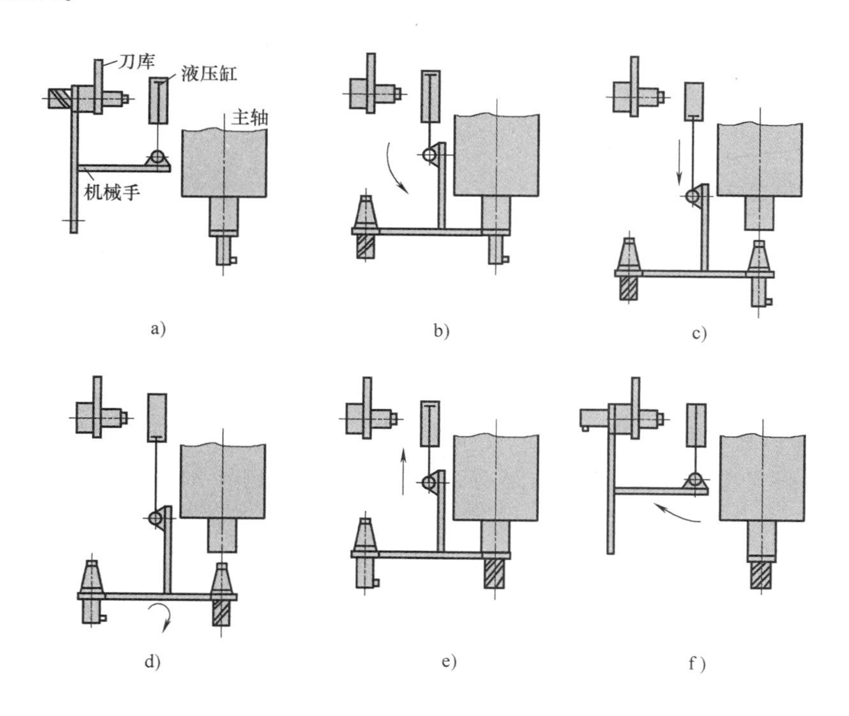


图 1-72　机械手换刀分解动作

（2）无机械手换刀　利用刀库与机床主轴的相对运动实现刀具交换，也称为主轴直接式换刀。

XH754型卧式加工中心采用了这类刀具交换装置，其机床外形及换刀过程如图1-73所示。

图1-73a：当加工工步结束后执行换刀指令，主轴实现准停，主轴箱沿Y轴上升。这时机床上方刀库的空档刀正好处在换刀位置，装夹刀具的卡爪打开。

图1-73b：主轴箱上升到极限位置，被更换刀具的刀杆进入刀库空刀位，被刀具定位卡爪钳住，与此同时主轴内刀杆自动夹紧装置放松刀具。

图1-73c：刀库伸出，从主轴锥孔内将刀具拔出。

图1-73d：刀库转位，按照程序指令要求将选好的刀具转到主轴最下面的换刀位置，同时压缩空气将主轴锥孔吹净。

图1-73e：刀库退回，同时将新刀具插入主轴锥孔，主轴内刀具夹紧装置将刀杆拉紧。

图1-73f：主轴下降到加工位置后起动，开始下一步的加工。

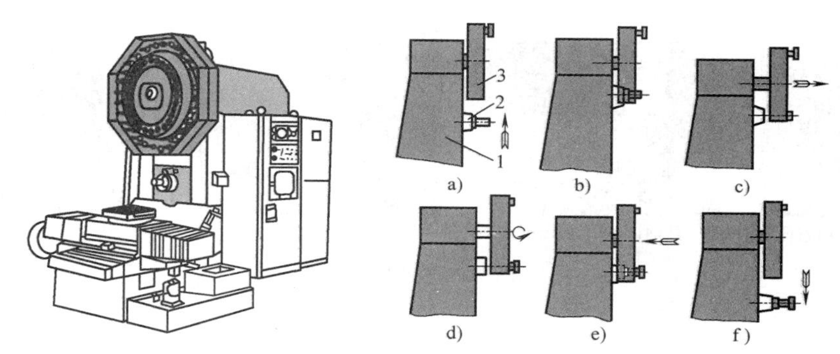


图1-73　XH754型卧式加工中心机床外形及换刀过程

1—主轴箱　2—刀具　3—刀库

## 四、数控机床辅助装置的结构

### 1. 数控机床的液压和气动系统

（1）液压、气压系统的功能

1）自动换刀动作。

2）数控机床中运动部件的平衡。

3）数控机床运动部件的制动、离合器的控制、齿轮拨叉挂档的实现等。

4）数控机床防护罩、板、门的自动打开与关闭。

5）工作台的松开与夹紧，交换台的自动交换动作。

6）夹具的自动松开与夹紧。

7）定位面的自动吹屑清理等。

（2）液压与气动系统的构成

1）液压系统包括动力装置、执行装置、控制与调节装置、辅助装置及传动介质，如图1-74所示。

2）空气压缩机：是气动系统的动力源，也是气压系统的核心，是把电动机输出的机械能转换成传动介质压力能的能量转换装置，其外形如图1-75所示。图1-76所示为螺杆式单级空气压缩机。

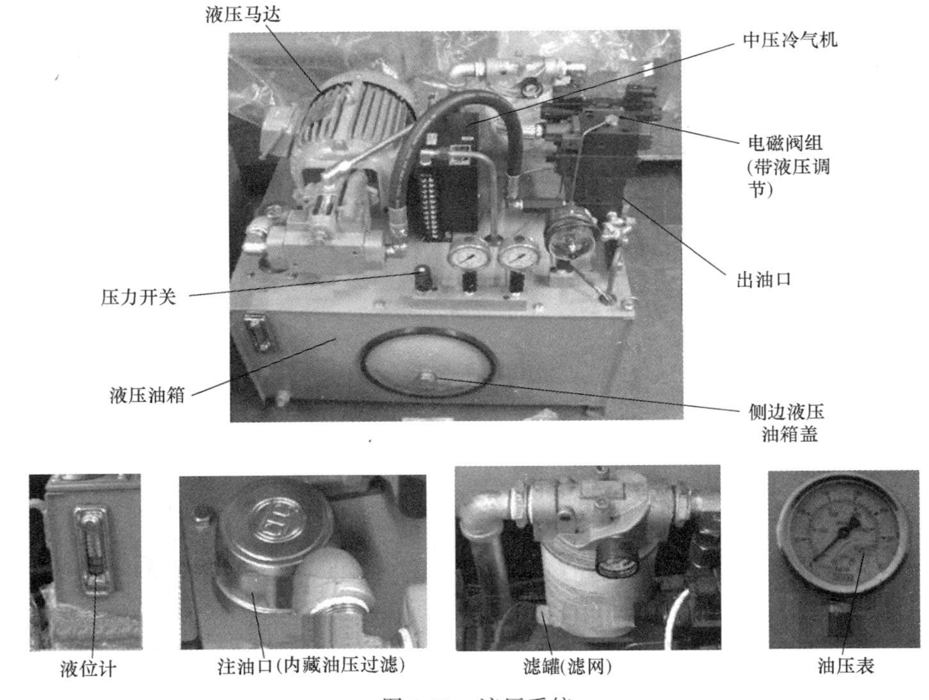


图 1-74　液压系统

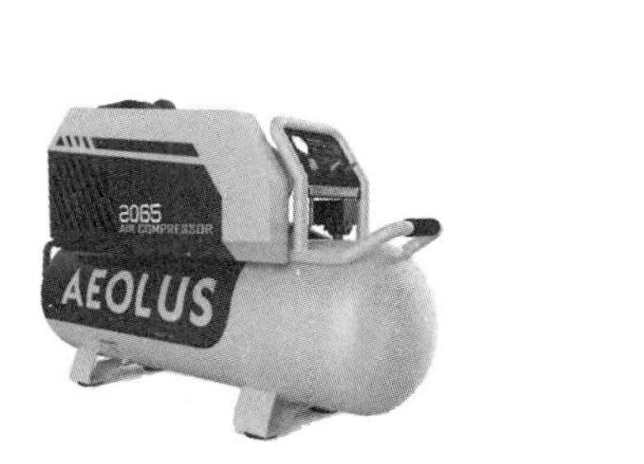


图 1-75　空气压缩机的外形

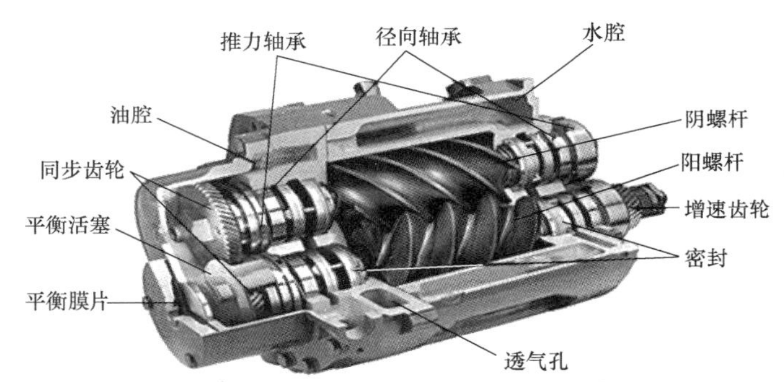


图 1-76　螺杆式单级空气压缩机

3）执行机构部分：液压马达和气马达是将工作介质的压力能转换为机械能，输出转速和转矩的装置。

液压马达的种类很多，常用的有齿轮式、叶片式等。

气压传动中使用最广泛的是叶片式和活塞式气马达。

动力缸与液压马达或气马达的功能相同，也是作为执行元件将工作介质的压力能转换成机械能，驱动工作部件。其不同之处在于动力缸输出的运动形式多为直线运动。

4）控制元件。

控制阀按其所控制的参数不同分为方向阀、压力阀和流量阀，而每一种阀因结构、连接方式等方面有所不同又有不同的分类。

① 压力控制阀用于控制液压、气压传动系统中工作介质的压力，使系统能够安全可靠、稳定地运行。常用的压力控制阀有溢流阀、安全阀、顺序阀等。

② 流量控制阀是通过改变阀口的通流面积来改变流量，从而调节执行元件速度的控制阀。

③ 方向控制阀是液压、气压传动系统中必不可少的控制元件，它通过控制阀口的通、断来控制液体流动的方向。

5）液压辅助元件：包括蓄能器、过滤器、液压油箱、管道、管接头及密封件等。虽然这些元件在液压系统中仅起辅助作用，但它们是非常重要的。它们对系统的性能、效率、温升、噪声和寿命影响极大，必须给予足够的重视。除液压油箱常需自行设计外，其余的辅助元件已标准化和系列化，应注意合理选用。

**2. 数控机床的冷却系统**

数控机床的冷却系统主要用于切削过程中冷却刀具与工件，同时也起到冲屑的作用。为了获得更好的冷却效果，冷却泵中的切削液需要通过刀架或主轴前的喷嘴喷出，直接喷向刀具与工件的切削发热处。

机床冷却可分为机床外部冷却（工件、刀具）及功能部件冷却（主轴、ZF 减速机、电气箱等）。

（1）机床外部冷却

1）切削液的作用：在金属切削过程中，切削液不仅能带走大量切削热，降低切削区温度，而且由于它的润滑作用，还能减少摩擦，从而降低切削力和切削热。因此，切削液能提高表面加工质量，保证加工精度，降低动力消耗，延长刀具寿命，提高生产率。通常要求切削液有冷却、润滑、清洗、防锈及耐腐蚀等特点。

2）根据冷却介质的不同，冷却方式分为

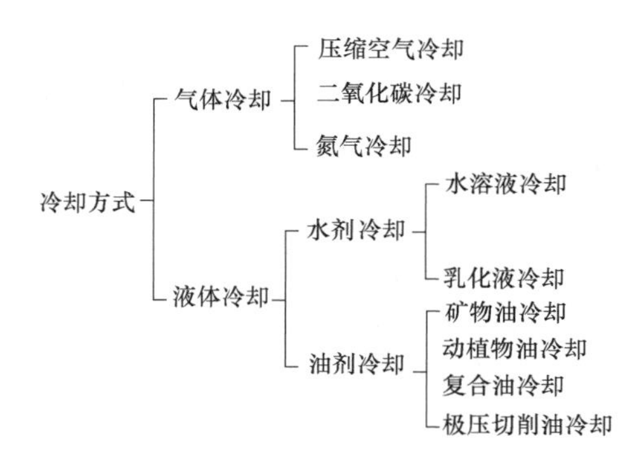


3）冷却系统的基本组成：

① 冷却泵：以一定的流量和压力向切削区供应切削液。冷却泵有卧式泵和立式泵，如图 1-77 所示，立式泵应用较多。

② 切削液箱：沉淀用过的并储存待用的切削液。切削液箱有足够的容积，能使已用过的切削液自然冷却。其有效容积一般为冷却泵每分钟输出切削液体积的 4～10 倍。

③ 输液装置：把切削液送到切削区，有管道、喷嘴等。

喷嘴采用可调塑料冷却管，嘴口形状可分为圆形和扁嘴形，其口径有：1.5、2.5、3.5、6.5、8.5、10（mm）等。根据喷嘴数量、口径大小及流量系数的乘积来确定所需切削液的

a)　　　　b)

图 1-77　冷却泵

a）卧式泵　b）立式泵

流量。

④ 净化装置：清除切削液中的机械杂质，使供应到切削区的切削液保持清洁，多采用隔板或筛网来过滤杂质，普通冷却泵的滤网孔径不超过 2mm。对磨削加工或其他精加工，要求更高的过滤等级，多采用纸质过滤器、磁性分离器和涡旋分离器等装置。

⑤ 防护装置：防止切削液到处飞溅，有防护罩等。防护罩要安全可靠，且便于观察（采用有机玻璃）。

4）常见刀具外冷方式：

① 安装可调整冷却管：通过冷却泵将切削液吸至主轴箱侧，再通过冷却管喷至工件表面，如图 1-78 所示其结构简单，调整方便，安装要求低。

② 主轴环形出水：出水口一般较小，为 3mm 左右，要求压力即扬程较大，故对冷却泵的要求高，对密封、过滤等装置要求也较高，如图 1-79 所示。

③ 主轴中心出水（即刀具中心出水）：从主轴尾部旋转接头进入内冷通道对刀具进行冷却，如图 1-80 所示。

图 1-78　安装可调整冷却管

（2）功能部件冷却

1）主轴：采用油冷机冷却。一般主轴外径在 160mm 以下、主轴转速为 8000r/min 以上时采用主轴油冷，主轴套筒外部冷却。

2）ZF 减速机：采用油冷机冷却。输出转矩在 1000N · m 以上时减速机采用油冷，且进油口采用节流阀调节进油流量，出油口采用副油箱接油。

3）电气箱元件：采用空调、热交换器或自然空冷。

图 1-79　主轴环形出水

图 1-80　主轴中心出水

**3. 数控机床的润滑系统**

油脂润滑方式不需要润滑设备，工作可靠，密封简单，不需要经常添加和更换油脂，维护方便，但摩擦阻力大。油脂润滑方式一般采用高级锂基油脂润滑，润滑时油脂的封入量一般为润滑空间容积的 10%，切忌随意填满，因为油脂过多会加剧运动部件的发热。采用油脂润滑方式时，要采取有效的密封措施，以防止切屑液和润滑油进入。密封措施有迷宫式密封、油封密封和密封圈密封。

1）油液循环润滑方式：在数控机床上，发热量大的部件常采用油液循环润滑方式。

2）定时定量润滑：无论润滑点位置高低和距离油泵远近，都能稳定供油。由于其润滑周期的长短及供油量可调整，减小了润滑油的消耗，易于自动报警，故润滑可靠性高。图 1-81 所示为定量阀。

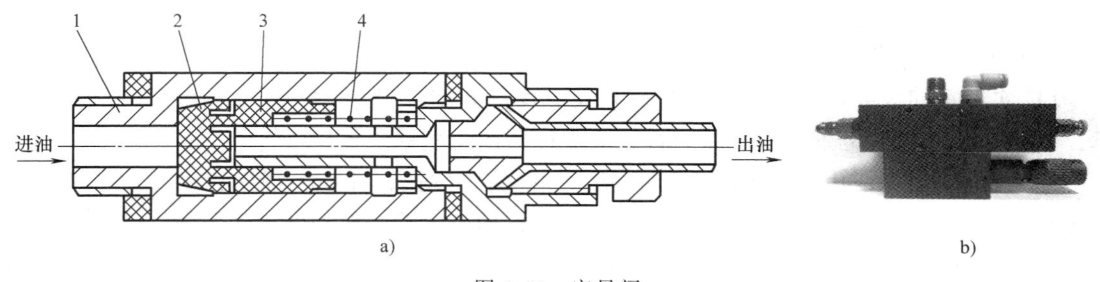

图 1-81　定量阀
1—阀体　2—皮碗　3—柱塞　4—弹簧

3）油雾润滑方式：利用经过净化处理的高压气体将润滑油雾化后，经管道喷送到需润滑部位的润滑方式。该方式的优点是雾状油液吸热性好，又无油液搅拌作用，所以能以较少油量获得较充分的润滑，常用于高速主轴轴承的润滑。其缺点是油雾容易被吹出，污染环境。

4）油气润滑方式：利用压缩空气把小油滴送进轴承空隙中，使油量大小达到最佳值。该方式的优点是压缩空气有散热作用，润滑油可回收，不污染周围空气。

**4. 数控机床的排屑系统**

数控机床的排屑系统分为链板式排屑机、刮板式排屑机、螺旋式排屑机等。其外形主要与钣金部分结构、排屑机电动机的型号有关。

1）链板式排屑机，如图1-82所示，可处理各类切屑。

2）刮板式排屑机，如图1-83所示，它是处理铜、铝、铸铁等切屑的合适机型，在处理磨削加工中的金属砂粒、磨粒，以及各种金属切屑时效果比较好。

3）螺旋式排屑机，如图1-84所示，它主要用于机械加工过程中产生的金属、非金属的颗粒状、粉状、块状及卷状切屑的输送，可用于数控车床、加工中心或其他机床，且安放空间比较小的场合。螺旋式排屑机与其他排屑装置联合使用，可组成不同结构形式的排屑系统。

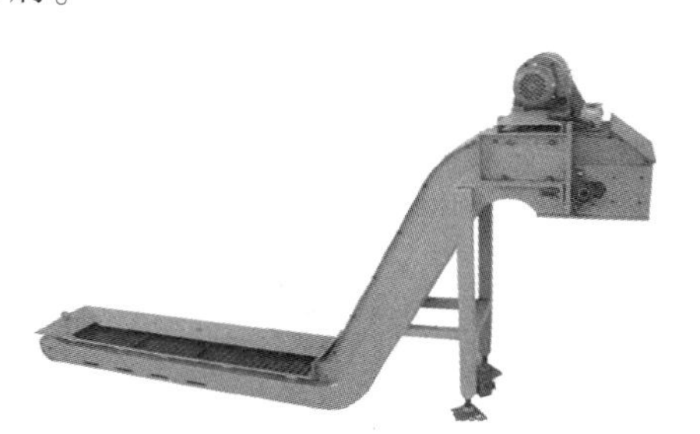

图1-82 链板式排屑机

图1-83 刮板式排屑机

图1-84 螺旋式排屑机

## 五、数控机床的电气常识

### 1. 机床用电常识

（1）日常用电常识

1）实训车间内的电气设备不要随便乱动。自己使用的设备、工具如果电气部分出现故障，不得私自修理，也不得带故障运行，应立即请电工检修。

2）经常接触和使用的配电箱、配电板、刀开关、按钮、插座、插销以及导线等必须保持完好、安全，不得破损或将带电部分裸露出来，如有故障及时通知电工维修。

3）使用的电气设备，其外壳必须按有关安全规程进行防护性接地或接零处理。接地或接零的设施要经常检查。需要移动某些非固定安装的电气设备时，必须先切断电源再移动，同时要收拾好导线，不得在地面上拖来拖去，以免磨损。

4）珍惜电力资源，养成安全用电和节约用电的良好习惯。当要长时间离开或不使用电力资源时，要确保切断电源（特别是电热器具）。

5）按操作规程正确地操作电气设备：开启电气设备要先开总开关、后开分开关，先开传动部分的开关、后开进料部分的开关；关闭电气设备要先关闭分开关、后关闭总开关，先停止进料部分后停止传动部分。

6）掌握正确触摸电气设备的方法：操作电气开关要单手，不要戴厚手套操作。操作开关时脸部要背向开关，以防开关出现故障而灼伤脸部。电气设备送电后，要先用手指末端的背面轻触设备判断设备是否漏电（不能轻信断路器），在确保安全的前提下进行实训。

7）发现有人触电，千万不要用手去拉触电者，要尽快拉开电源开关，用绝缘工具剪断电线，或用干燥的木棍、竹竿挑开电线，立即用正确的人工呼吸法进行现场抢救，并且拨打“120”急救电话报警。

8）带有机械传动的电器、电气设备，必须装护盖、防护罩或防护栅栏进行保护才能使用，不能将手或身体其他部位伸入运行中设备的机械传动位置；对设备进行清洁时，须确保在切断电源、机械停止工作，并确保安全的情况下才能进行，以防发生人身伤亡事故。

9）机床上使用的局部照明灯，其电压不得超过36V。

10）未经许可不得擅自进入配电房（室）或电气施工现场。

（2）安全用电常识

1）触电的种类。

① 电击：通常所说的触电，触电死亡绝大部分是电击造成的。

② 电伤：由电流的热效应、化学效应、机械效应以及电流本身作用所造成的人体外伤。

2）对人体作用电流的划分。

① 感知电流：引起人的感觉的最小电流，人接触到这样的电流会有轻微麻感。

② 摆脱电流：人触电后能自行摆脱的最大电流称为摆脱电流。

③ 致命电流：在较短时间内危及生命的电流。

3）触电的方式。

① 单相触电：在低压电力系统中，若人站在地上接触到一根相线，即为单相触电或称单线触电，人体接触漏电的设备外壳也属于单相触电。

② 两相触电：人体的两处同时触及两相带电体而引起的触电。

③ 接触电压、跨步电压触电：当外壳接地的电气设备绝缘损坏而使外壳带电，或导线断落发生单相接地故障时，电流由设备外壳经接地线、接地体（或由断落导线经接地点）流入大地，向四周扩散，在导线接地点及周围形成强电场。此时，接触电压指人站在地上触及设备外壳所承受的电压；跨步电压指人站立在设备附近地面上两脚之间所承受的电压。

（3）触电原因及预防措施

直接触电：人体直接接触或过分接近带电体而触电；间接触电：人体触及正常时不带电，而发生故障时才带电的金属导体。

1）直接触电的预防。

① 绝缘措施：良好的绝缘是保证电气设备和线路正常运行的必要条件。

② 屏护措施：凡是金属材料制作的屏护装置，应妥善接地或接零。

③ 间距措施：在带电体与地面间、带电体与其他设备间应保持一定的安全间距。间距大小取决于电压的高低、设备类型、安装方式等因素。

2）间接触电的预防。

① 加强绝缘：对电气设备或线路采取双重绝缘，使设备或线路绝缘牢固。

② 电气隔离：采用隔离变压器或具有同等隔离作用的发电机。

③ 自动断电保护：漏电保护、过电流保护、过电压或欠电压保护、短路保护和接零保护。

**2. 数控机床的PLC**

（1）CNC概述　CNC为Computer Numerical Controller，即计算机数字控制器，简称数控。CNC主要用于对编程指令的处理，包括插补运算、加减速控制、程序预读等。

（2）PLC 概述　PLC 为 Programable Logic Controller，即可编程逻辑控制器。PLC 主要用于处理机床外部机械的辅助功能，如刀具的更换、交换工作台、冷却、润滑等操作。

（3）PLC 和 CNC 的作用　CNC 和 PLC 配合共同完成对数控机床的控制。其中 CNC 主要完成与数字运算和管理等有关的功能，如零件程序的编辑、插补运算、译码、位置伺服控制等。PLC 主要完成与逻辑运算有关的一些动作，辅助控制装置完成机床相应的开关动作，如工件的装夹、刀具的更换、切削液的开关等；它还接受机床操作面板的指令，一方面直接控制机床的动作，另一方面将一部分指令送往 CNC 用于加工过程的控制。数控机床组成框图如图 1-85 所示。

（4）数控机床中 PLC 实现的功能

1）M 功能：控制主轴的正反转及停止、主轴箱的变速、切削液的开关、卡盘的松紧及换刀等。

2）S 功能：主轴转速的控制。

S2 代码：S00～S99 共 100 级，主要用于分档调速的主轴。

S4 代码：S0000～S9999，主要用于专用主轴驱动单元的连续或分段无级主轴调速。

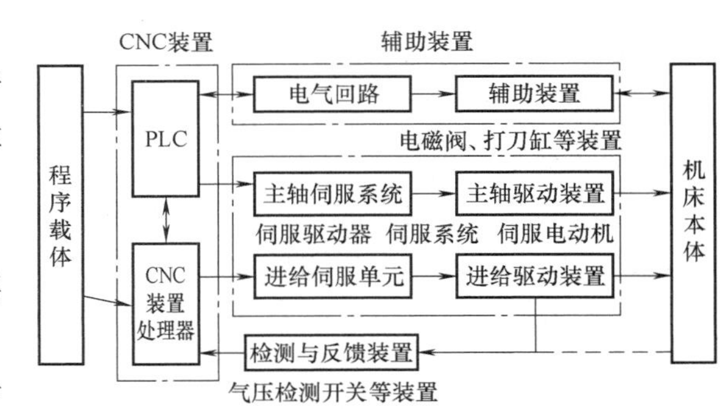

图 1-85　数控机床组成框图

3）T 功能：刀具功能。

（5）数控机床中 PLC 的分类

1）内装型（或集成型）。CNC 的生产厂家为实现数控机床的顺序控制，将 CNC 和 PLC 综合起来设计，称为内装型（或集成型）PLC。内装型 PLC 是 CNC 装置的一部分。

① 内装型 PLC 与 CNC 间的信息传送在 CNC 内部实现。

② PLC 与机床之间的信息传送通过 CNC 的输入/输出接口电路来实现。

③ 在硬件上，内装型 PLC 可与 CNC 共用一个 CPU，也可以单独使用一个 CPU。一般不能独立工作。

这种类型的系统在硬件和软件整体结构上合理、实用，性能价格比高，适用于类型变化不大的数控系统。

2）独立型（或外装型）。以独立专业化的 PLC 生产厂家的产品来实现顺序控制系统，称为独立型（或外装型）PLC。

① 与 CNC 装置相对独立。

② 用户有选择的余地。

③ 功能易于扩展和变更。

④ 独立型 PLC 和 CNC 之间是通过输入/输出接口连接的。

（6）PLC 控制原理

1）分线器（图 1-86）。

输入信号：一般用作机床各类报警、信号检测等（如刀架到位信号）。

输出信号：一般用于控制机床各类动作等（如控制刀盘正转、反转）。

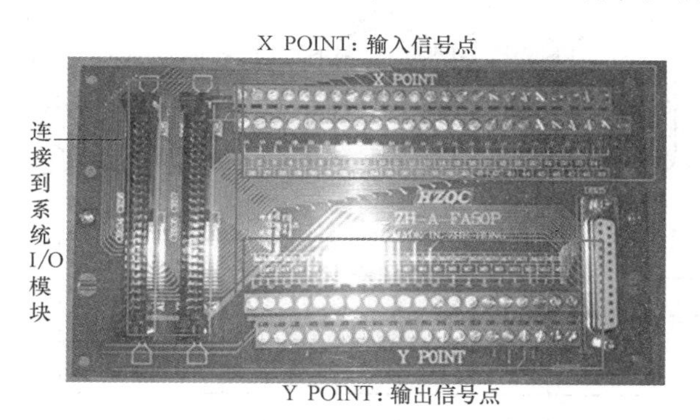


图 1-86　分线器

2）外部电动机动作原理如下：

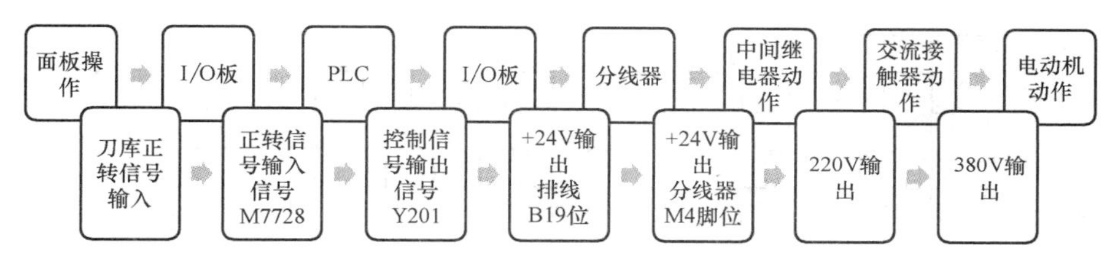


3）系统 PLC 报警原理如下：

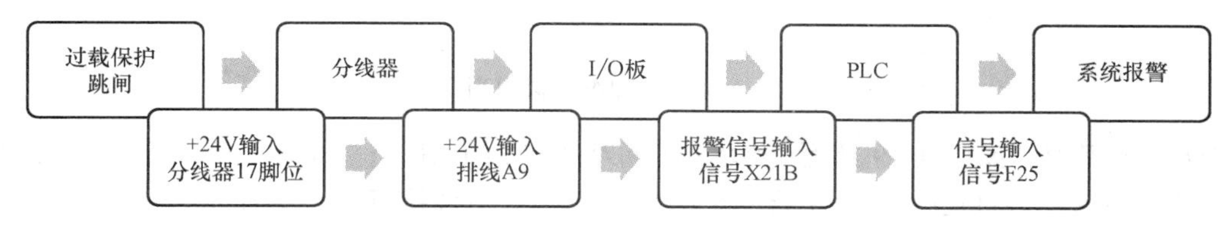


（7）PLC 控制数控车床自动换刀系统

1）数控车床刀架的典型结构。

数控车床使用的是回转刀架，它是最简单的自动换刀装置，常用的刀架形式有排刀式刀架、方刀架、转塔回转刀架、液压驱动回转刀架及车削中心的动力刀具等。

2）数控车床刀架的换刀方式。

数控车床刀架换刀分为固定换刀和随机换刀。固定换刀时刀号和刀座号一致；随机换刀时数控系统记忆刀号，刀号与刀座不一定对应。

3）数控车床刀架刀号的识别方法。

① 霍尔元件状态组合识别刀号，如图 1-87 所示，在刀塔下部安装挡块，当刀号转到位时，挡块满足某种组合，通过三个霍尔元件读出信号。

② 脉冲编码器识别，如图 1-88 所示。脉冲编码器输出 A 相、B 相和一转信号 Z 相，A 相和 B 相信号相差 90°作为鉴相信号。编码器每转的信号除以刀号，即每转 $n$ 个脉冲代表一个刀位。如编码器转一周发出 360 个脉冲，则可认为 60 个脉冲对应一刀号。CNC 编码器转过了几个脉冲，就可判断出到几号刀位，并且 CNC 会记住刀位号，再换刀时从这个已记的刀号脉冲，继续往下数脉冲。

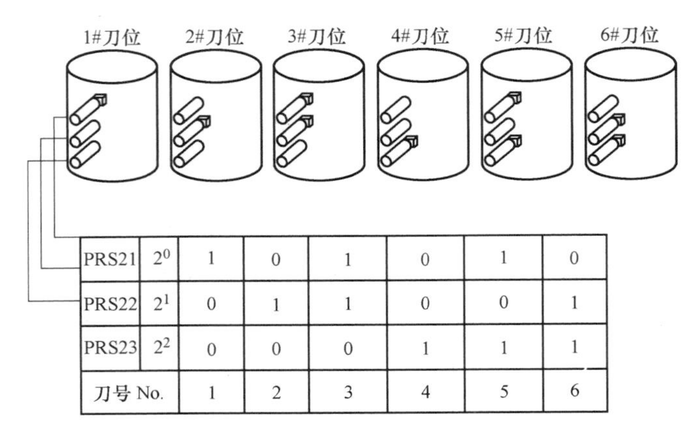


| PRS21 | $2^0$ | 1 | 0 | 1 | 0 | 1 | 0 |
| --- | --- | --- | --- | --- | --- | --- | --- |
| PRS22 | $2^1$ | 0 | 1 | 1 | 0 | 0 | 1 |
| PRS23 | $2^2$ | 0 | 0 | 0 | 1 | 1 | 1 |
| 刀号 No. | | 1 | 2 | 3 | 4 | 5 | 6 |

图 1-87　霍尔元件状态组合识别刀号

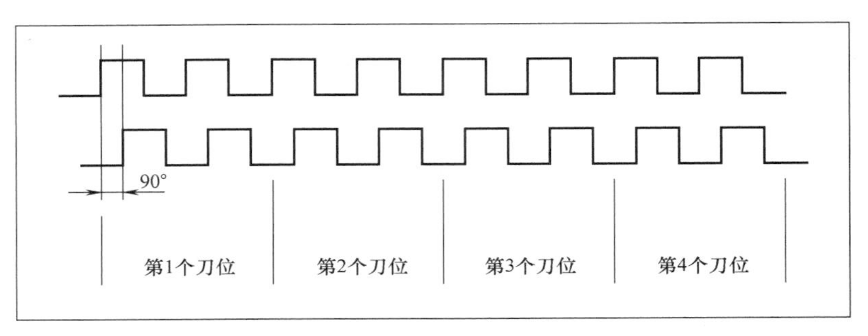


图 1-88　脉冲编码器识别

③ 开关识别。如图 1-89 所示，数控车床刀架转轴上有一个挡块，相当于刀位的“0”位，刀架共有 6 个刀位，每 30°安装一个感应开关，当挡块接近某一个感应开关时，感应开关输出一个低电平信号，并送到 PMC 诊断地址 X9.2~X9.5（低电平有效）。

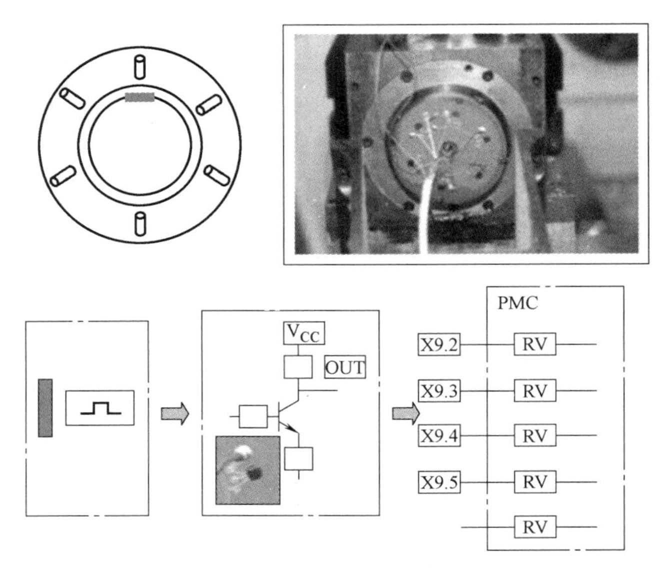


图 1-89　开关识别

4）数控车床刀架换刀的电气控制。

如图 1-90 所示，数控机床刀架是由机床 PLC 来控制的，刀架的换刀过程就是通过 PLC 对控制刀架的所有 I/O 信号进行逻辑处理及计算，实现刀架的顺序控制。另外，为了保证换刀能够正确进行，数控系统一般还要设置相应的系统参数对换刀过程进行调整。

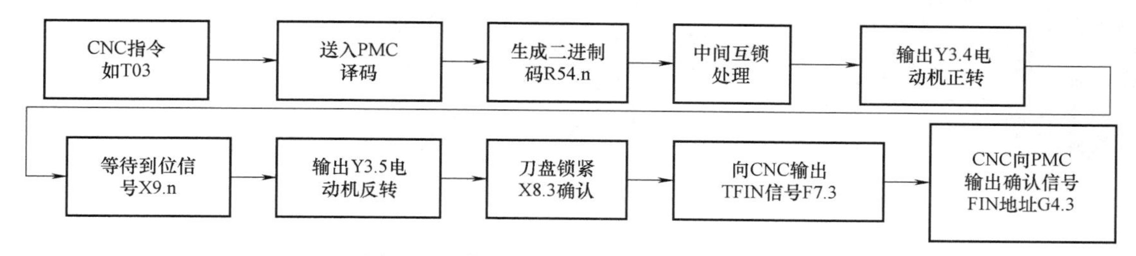


图 1-90　数控车床刀架换刀的电气控制

## 【课后练习】

1. 数控机床的主传动系统包括哪些？
2. 数控机床主轴的调速方式都有哪些？
3. 主轴部件包括哪些部分？

# 第二章

# 金属切削基础及切削刀具

## 第一节 金属切削加工基础

### 一、金属切削运动

#### 1. 金属切削过程

金属切削过程是利用金属切削刀具去除零件表面的多余金属或预留金属，使其具有一定形状、精度和表面质量的加工过程。

切削过程必须具备以下三个条件：

1）刀具材料的硬度必须大于被切削工件材料的硬度。

2）刀具必须具备一定的几何形状，即切削刃要锐利，刀头强度要大。

3）在切削过程中，刀具与工件必须产生相对运动。

#### 2. 切削运动原理

各种切削运动都是由一些简单的运动单元组合而成的。直线运动和回转运动是切削加工的两个基本运动单元，如图 2-1 所示。

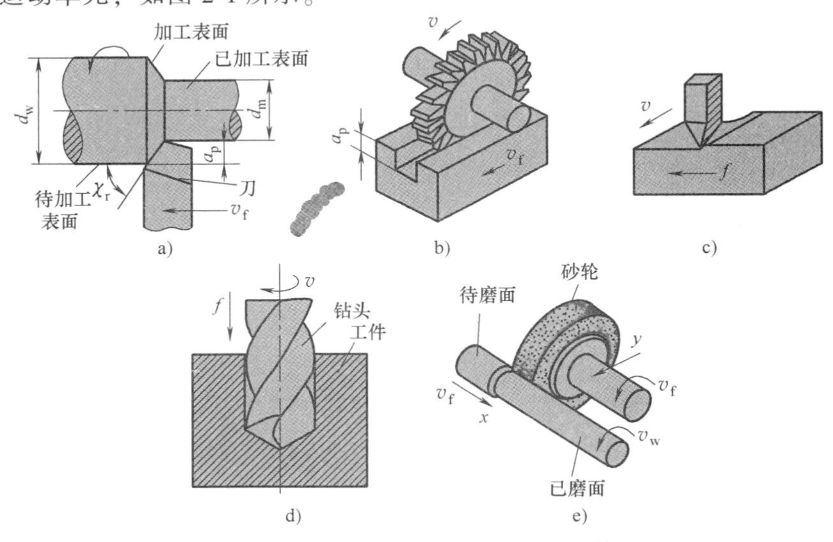


图 2-1 常见加工方法的切削运动

a）车削外圆 b）铣削平面 c）刨削平面 d）钻孔 e）磨削外圆

（1）主运动　主运动是刀具将切屑切下来所需要的最基本的运动，是速度最高、消耗功率最大的运动，如车削中工件的旋转运动、铣削中刀具的旋转运动等。

（2）进给运动　进给运动是使新的金属层不断投入切削，以便切削完工件表面上全部余量的运动，如车削中车刀相对于工件在纵向和横向上的平移运动；铣削中工件相对于刀具在纵向、横向及垂直方向的平移运动等。

（3）合成切削运动　合成切削运动是由主运动和进给运动合成的运动。

**想一想**

针对不同的加工方法，切削加工的主运动和进给运动有什么区别？

**3. 工件表面的形成**

在主运动和进给运动的作用下，工件表面的金属层不断地被刀具切削下来，转化为切屑，加工出所需要的工作表面。在新表面的形成过程中，工件上有三个依次变化的表面：待加工表面、已加工表面和过渡表面，如图 2-2 所示。

（1）待加工表面　加工时工件上等待切除的表面。

（2）已加工表面　工件上经刀具切除多余金属后形成的新表面。

（3）过渡表面　工件上由切削刃正在形成的那部分表面。它在切削过程中不断变化，位于待加工表面与已加工表面之间。

**4. 切削要素**

切削要素是衡量主运动和进给运动的参数，包括背吃刀量、进给量和切削速度三要素，如图 2-3 所示。

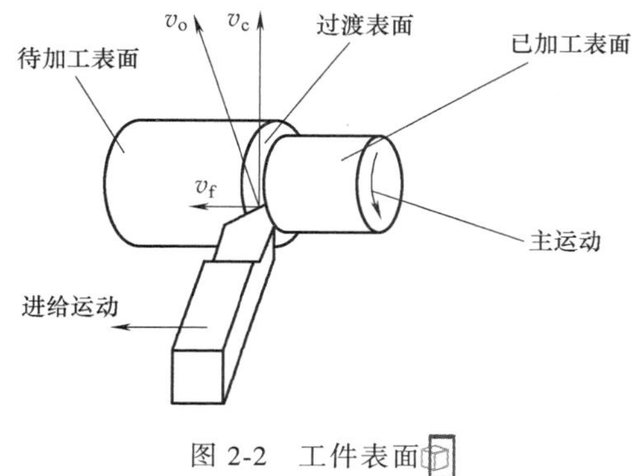


图 2-2　工件表面

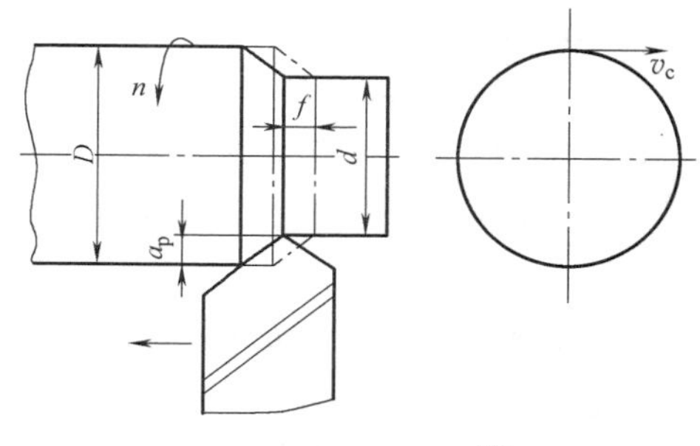


图 2-3　切削要素

（1）背吃刀量（切削深度）$a_p$ 的确定　背吃刀量是工件上已加工表面与待加工表面之间的垂直距离，单位为 mm。车削外圆柱表面时可以用下式计算

$$a_p=\frac{d_w-d_m}{2}$$

钻孔时可以用下式计算

$$a_p=\frac{d_m}{2}$$

式中　$d_w$——工件待加工表面的直径，单位为 mm。

$d_m$——工件已加工表面的直径，单位为 mm。

**想一想**

切断、车槽时的切削深度和宽度如何选择?

(2) 进给量$f$的确定　进给量$f$是工件或刀具每回转一周或每一行程时，刀具或工件沿进给运动方向移动的距离，单位为mm/r或mm/行程。

(3) 切削速度$v_c$的确定　如图2-4所示，切削速度是切削刃选定点相对于工件主运动的瞬时速度，单位为m/s或m/min。车削时，切削速度$v_c$为

$$v_c=\frac{\pi d_w n}{1000}$$

式中　$d_w$——工件待加工表面的直径，单位为mm。

$n$——工件的转速，单位为r/s或r/min。

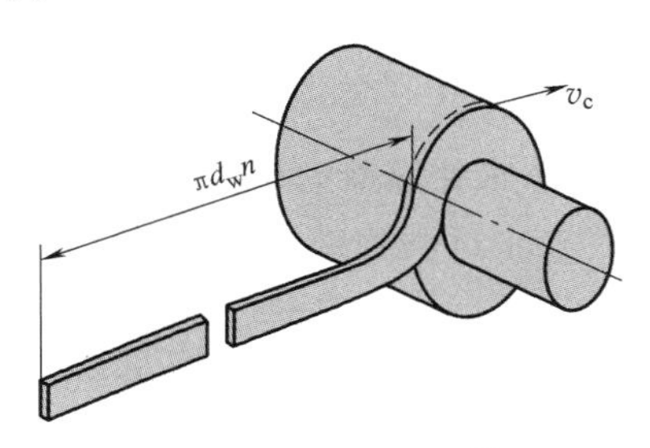


图2-4　切削速度

**5. 切削用量的选择原则**

(1) 背吃刀量$a_p$的选择原则

1) 粗加工（表面粗糙度值$Ra$为10~80μm）时，一次进给应尽可能切除全部余量。在中等功率数控机床上，背吃刀量可达8~10mm。

2) 半精加工（表面粗糙度值$Ra$为1.25~10μm）时，背吃刀量取0.5~2mm。

3) 精加工（表面粗糙度值$Ra$为0.32~1.25μm）时，背吃刀量取0.2~0.4mm。

在下列情况下，粗车需多次进给:

① 在机床刚度低，余量不均匀时。

② 余量太大导致机床功率不足时。

③ 断续切削时。

(2) 进给速度的选择原则

1) 当工件的加工质量能得到保证时，为提高生产率可选择较高的进给速度。

2) 刀具空行程尽量选择高的进给速度；切断、车削深孔或精车时，选择较低的进给速度。

3) 进给速度应与主轴转速和背吃刀量相适应。

(3) 切削速度的选择原则

1) 应尽量避开产生积屑瘤的切削速度区域。

2) 断续切削，加工大件、细长件、薄壁工件时应选用较低的切削速度。

3) 加工合金钢、高锰钢、不锈钢等材料的切削速度应比加工普通中碳钢的切削速度低20%~30%。

4) 在易发生振动的情况下，切削速度应避开自激振动的临界速度。

5) 加工带外皮的工件时，应适当降低切削速度。

**例:** 车削直径为300mm的铸铁带轮外圆，若切削速度为60m/min，求车床主轴转速。

**解:** 根据公式 $n=1000v_c/(\pi d_w)$

$=[1000\times60/(3.14\times300)]\text{r/min}$

$=63.69\text{r/min}$

切削用量的具体数值可参阅机床说明书、切削用量手册，并结合实际经验确定，表2-1

是数控车床常用切削用量选择参考表。

**表 2-1　数控车床常用切削用量选择参考表**

| 零件材料及毛坯尺寸 | 加工内容 | 背吃刀量/mm | 主轴转速/(r/min) | 进给量/(mm/r) | 刀具材料 |
|---|---|---|---|---|---|
| 45 钢，坯料直径为 20～60mm，内孔直径为 13～20mm | 粗加工 | 1～1.25 | 300～800 | 0.15～0.4 | 硬质合金(YT类) |
| | 精加工 | 0.25～0.5 | 600～1000 | 0.08～0.2 | |
| | 切槽、切断(刀具宽度为 3～5mm) | | 300～500 | 0.05～0.1 | |
| | 钻中心孔 | | 300～800 | 0.1～0.2 | 高速钢 |
| | 钻孔 | | 300～500 | 0.05～0.2 | 高速钢 |

## 二、切削原理

### 1. 切屑的形成及类型

(1) 切屑的形成　切屑是在切削过程中从工件材料上经过刀具的作用而形成的分离体。在切削过程中，刀具作用在被加工工件的切削层，迫使切削层金属产生应力与变形，并使被切金属层同时沿切削刃的运动方向分离成为切屑而形成了工件的已加工表面，如图 2-5 所示。切削层金属产生的应力与变形是切削刃的切割作用和切削层前面的推挤作用所导致的。

(2) 切屑的类型

1) 带状切屑。

如图 2-6a 所示，切屑连续呈带状，横截面呈平行四边形，底部受前面的挤压而较平整光亮，上部呈绒毛状态，各单元切屑之间没有明显的界限。这种切屑通常在加工塑性材料、进给速度较小、切削速度较高、刀具前角较大时产生。

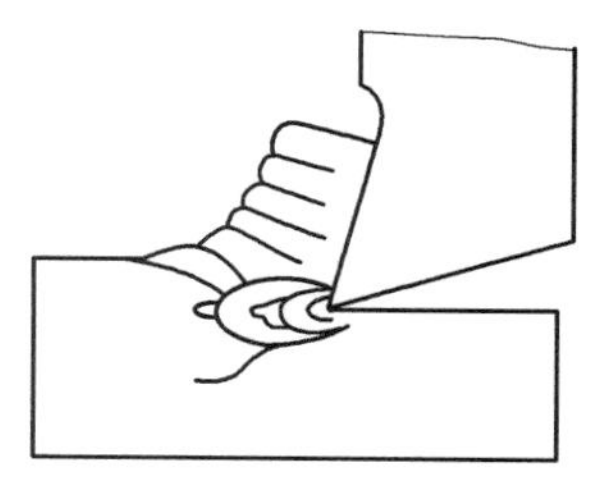

图 2-5　切削过程与切屑

2) 节状切屑。如图 2-6b 所示，节状切屑横截面内的切屑厚度比较大，截面呈三角形（也有呈平行四边形的），底部受前面的挤压而比较平整，但光滑程度较带状切屑差些，侧面呈锯齿状态，顶部粗糙，各单元切屑之间有明显的界限。这种切屑多在切削速度较低、进给速度较小、刀具前角较小、加工塑性金属材料时产生。

3) 粒状切屑。

如图 2-6c 所示，粒状切屑横截面内的切屑厚度很大，截面呈三角形（或梯形），整个剪切面上的剪应力完全达到了材料的断裂强度，切屑以单元形式脱离母体。这种切屑多在切削速度很低、进给速度较大、刀具前角较小（或负前角）、加工材料硬度较高而韧性较低的金属时产生。

4) 崩碎切屑。

如图 2-6d 所示，切屑呈不规则的碎片状，主要是加工脆性金属（如铸铁、铸铜等）时产生的。由于脆性金属的塑性极小、抗拉强度很低，切削层金属未经塑性变形或只经很小的塑性变形便挤裂，或在拉应力状态下脆断，形成不规则的碎片状切屑。

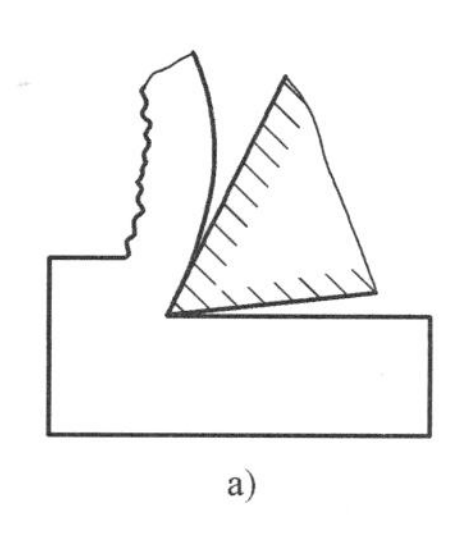

a)

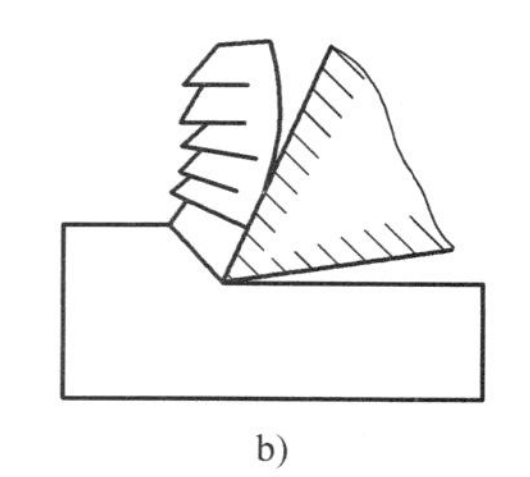

b)

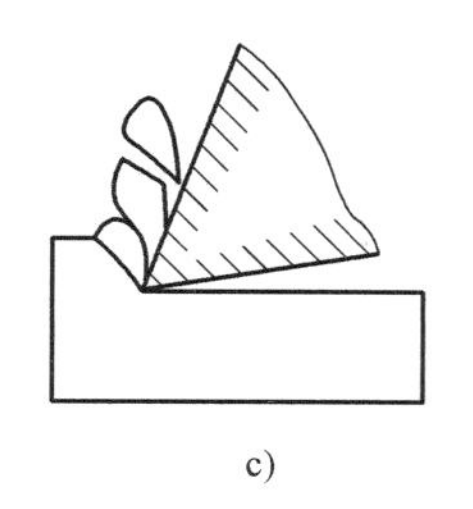

c)

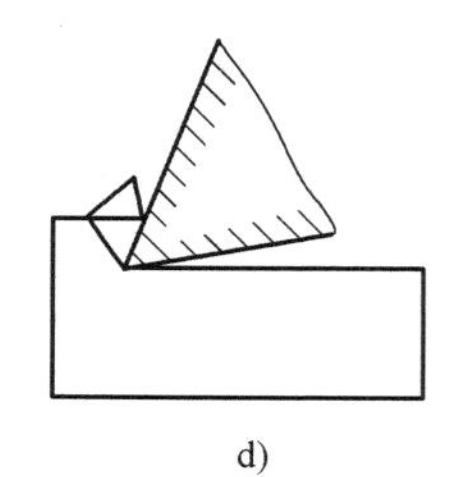

d)

图 2-6　切屑类型

a）带状切屑　b）节状切屑　c）粒状切屑　d）崩碎切屑

**想一想**

切屑对切削加工过程有什么影响？

### 2. 积屑瘤的形成及其对加工的影响

（1）积屑瘤的形成　在一定条件下切削钢料、球墨铸铁或塑性金属时，切屑顺前面流出，受前面的挤压与摩擦作用，使切屑底层中的一部分金属微粒停滞和堆积在切削刃附近成为楔形堆积物。这种楔形堆积物称为积屑瘤，如图 2-7 所示。

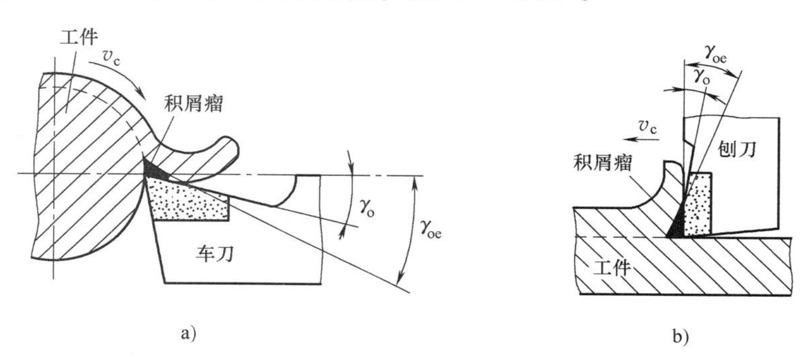


图 2-7　积屑瘤的产生

a）车刀上的积屑瘤　b）刨刀上的积屑瘤

（2）积屑瘤的变化规律　积屑瘤是一种动态结构，具有相对稳定的基体和不稳定的头部。其不稳定的头部在切削中不断层积，同时又不断地被切屑底层或工件带走。

（3）积屑瘤对切削加工的影响

1）有利方面：

① 积屑瘤包覆在切削刃上，其硬度为工件材料硬度的 2~3.5 倍，可代替切削刃进行切削，对切削刃起到一定的保护作用。

② 积屑瘤改变了切削刃相对于工件轴线的高度，可增大实际工作前角（内表面加工则相反），有利于减小切削变形。

2）不利方面：

① 积屑瘤堆积到一定高度以后，切屑底层与积屑瘤的黏附力超过积屑瘤本身的强度，使积屑瘤拉裂黏附在切屑底层被切屑带走，另一部分黏附在已加工表面上被工件带走，黏附在已加工表面上的积屑瘤呈毛刺状态，严重影响了已加工表面的表面质量。

② 由于积屑瘤头部的不稳定性，其高度不断地变化，可引起实际工作前角和切削力的

不断变化，还会引起振动，影响工件的表面质量。

③ 当积屑瘤凸出于切削刃时，会增大背吃刀量，造成一定的过量切削，影响零件加工的尺寸精度。此时，积屑瘤形状不规则，会在工件表面上划出沟纹，影响工件表面质量。

（4）如何避免积屑瘤的产生

1）在加工前的热处理工艺阶段解决。

2）调整刀具角度，增大前角，从而减小切屑对刀具前刀面的压力。

3）调低切削速度，使切削层与刀具前刀面的接触面温度降低，避免黏结现象的发生；或采用较高的切削速度，提高切削温度，因为温度高到一定程度时，积屑瘤便不会产生。

4）更换切削液，采用润滑性能好的切削液，减小摩擦。

**想一想**

如果在生产中产生了积屑瘤，该怎么办？

**3. 切削热与切削温度**

在切削过程中，由于被切削金属层的弹性变形和塑性变形，以及工件与刀具、切屑与刀具之间的摩擦，使切削区间（工件、切屑、刀具的接触区间）产生大量的热，称为切削热。切削区间的平均温度称为切削温度。

（1）切削热的产生　在金属切削过程中，材料发生极大的塑性变形，弹性变形只占变形的很小一部分，其消耗的切削能量占全部切削能量的1%~3%，因此，切削过程中可以认为切削能量全部转化为热量，即切削时机床所做的功几乎全部转变为切削热。

（2）切削热的散失　切削热经切屑、工件、刀具及切削液散失。切削热的散失与工件材料、刀具材料、刀具几何参数、切削用量及加工方法等有关。

（3）切屑颜色与切削平均温度　在切削碳素结构钢时，可以根据切屑的颜色估计出切削的平均温度：切屑颜色为银白色时，温度小于220℃；切屑颜色为淡黄色时，温度约为220℃；切屑颜色为深蓝色时，温度约为300℃；切屑颜色为淡灰色时，温度约为400℃；切屑颜色为紫黑色时，温度约为500℃。

（4）切削温度及其影响因素

1）工件材料的影响。工件材料的硬度、强度越高，切削时消耗的功率越大，切削温度就越高；工件材料的导热性能越好，切削热传散越快，切削温度则越低。

2）切削用量的影响。切削用量越大，单位时间内金属被切除量越多，切削热越大，切削温度越高。

3）刀具几何角度的影响。刀具几何角度中以前角和主偏角对切削温度的影响最大。

4）切削液的影响。切削加工时，使用切削液可以有效地降低切削温度，同时还可以起润滑、清洗和防锈的作用。

**想一想**

切削热对切削加工的影响有哪些？钻削工件时怎样降低切削热？

**4. 切削液**

（1）切削液的分类

1）水溶液：是以水为主要成分，加入一定量的添加剂的切削液，它既有良好的防锈性能，又具有一定的润滑能力。

2）乳化液：是一种由2%～5%（体积分数）的乳化油加95%～98%（体积分数）的水配制而成的切削液。

3）切削油：主要成分是矿物油，少数采用植物油和动物油。

（2）切削液的合理选用（图2-8）

1）根据工件材料选用：加工一般钢件（中碳钢），粗车时用乳化液，精车时用切削油。

2）根据刀具材料选用：采用高速钢刀具进行车削时，为了降低切削温度，选用冷却为主的低含量乳化液；精车时，选用润滑为主的切削油或含量较高的乳化液。

3）根据车削性质选用：粗车时产生的切削热较多，为了及时降低切削温度，应选用冷却性能较好的乳化液。

图2-8　切削液的合理选用

（3）使用切削液时的注意事项

1）油状乳化油必须用水稀释后才能使用。

2）切削液的流量应充足，并应有一定的压力。

3）使用硬质合金刀具切削时，如用切削液必须从一开始就连续充分地浇注，否则硬质合金刀片会因骤冷而产生裂纹。

4）切削液应保持清洁，尽可能减少切削液中杂质的含量，已变质的切削液要及时更换，超精密磨削时可采用专门的过滤装置。

**想一想**

是不是所有的切削加工都需要使用切削液？

## 第二节　切削刀具

### 一、数控刀具概述

#### 1. 数控刀具的特点

1）刀具材料应具有高的可靠性，耐热性、抗冲击性和高温力学性能。

2）刀具应具有高的精度和重复定位精度，以实现刀具尺寸的预调和快速换刀。

3）刀具断屑及排屑性能要好。

4）刀具应系列化、标准化和通用化，尽量减少刀具规格，以利于数控编程和便于刀具管理，降低加工成本，提高生产率。

5）大量采用机夹可转位刀具、多功能复合刀具。

### 2. 数控刀具的分类

数控刀具根据加工方式不同进行的分类，如图 2-9 所示。

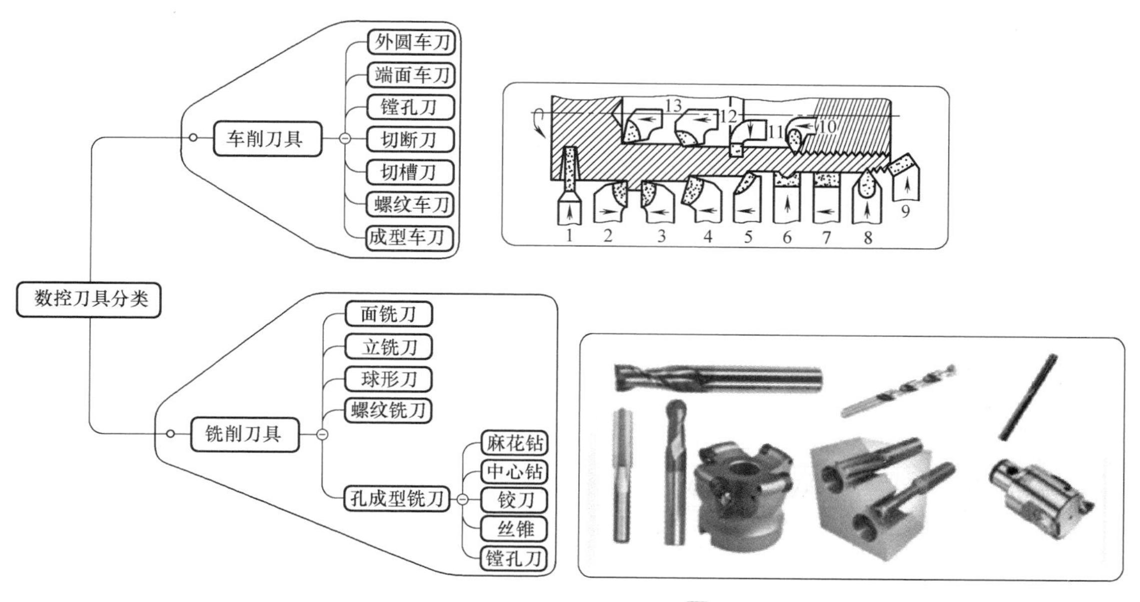


图 2-9　数控刀具的分类

### 3. 数控刀具材料

刀具材料是指刀具切削部分的材料。切削时刀具切削部分直接和工件及切屑相接触，承受着很大的切削压力和冲击，并受到工件及切屑的剧烈摩擦，产生很高的切削温度，这也就是说刀具切削部分是在高温、高压及剧烈摩擦的恶劣条件下工作的。目前刀具材料主要有高速钢、硬质合金、陶瓷、立方氮化硼和聚晶金刚石，常用刀具材料如图 2-10 所示。

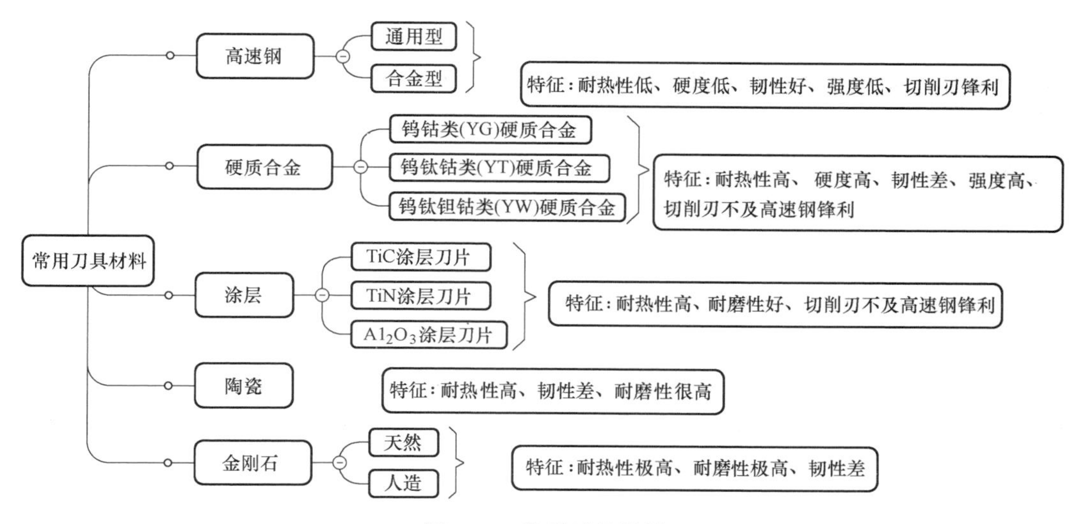


图 2-10　常用刀具材料

(1) 高速钢

1) 普通高速钢：其应用广泛，占高速钢总量的75%左右，具有工艺性能好、能满足通用工程材料切削加工要求等特点，常用的有钨系高速钢和钨钼系高速钢两种。

2) 高性能高速钢：是指在普通高速钢中增加了一些碳、钒、钴或铝等合金元素，以进一步提高其耐磨性和耐热性的新型高速钢。

表2-2为常用高速钢材料及主要用途。

表2-2 常用高速钢材料及主要用途

| 类别 | | 牌号 | 主要用途 |
|---|---|---|---|
| 普通高速钢（通用型） | | W18Cr4V | 广泛用于制造钻头、铰刀、铣刀、拉刀、丝锥等刀具 |
| | | W6Mo5Cr4V2 | 用于制造要求高速切削的刀具 |
| | | W14Cr4V | 用于制造要求高硬度、高耐磨性和高耐热性的刀具 |
| 高性能高速钢（合金型） | 高碳 | 95W18Cr4V | 用于制造对韧性要求不高，对耐磨性要求较高的刀具 |
| | 高钒 | W12Cr4V4Mo | 用于制造形状简单，对耐磨性要求高的刀具 |
| | 超硬 | W6Mo5Cr4V2Al | 用于制造复杂刀具和加工难加工材料用的刀具 |
| | | W10Mo4Cr4V3Al | 用于制造高强度、耐磨性好、耐热的刀具 |
| | | W6Mo5Cr4VSSiNbAl | 用于制造形状简单的刀具，如铁基高温合金的钻头 |
| | | W12Cr4V3Mo3CoSSi | 用于制造耐磨性、耐热性好、高强度的刀具 |
| | | W2Mo9Cr4VCo8（M42） | 用于制造复杂刀具和加工难加工材料用的刀具，价格昂贵 |

(2) 硬质合金

1) 硬质合金的组成和特点。

硬质合金是由高硬度、高熔点的金属碳化物（碳化钨WC、碳化钛TiC、碳化钽TaC、碳化铌NbC等）的微粉和金属黏结剂（钴Co、镍Ni、钼Mo等），在高压下压制成形，并在1500℃的高温下烧结而成的。

2) 硬质合金的种类、牌号、性能及选用。

硬质合金分为三大类：一是K类，相当于我国的YG类硬质合金，适用于加工短切屑的非铁金属、非金属和钢铁材料，外包装用红色标志；二是P类，相当于我国的YT类硬质合金，适用于加工长切屑的钢铁材料，外包装用蓝色标志；三是M类，相当于我国的YW类硬质合金，用于加工长、短切屑的钢铁材料和非铁金属材料，外包装用黄色标志。表2-3为常用硬质合金刀具牌号及使用性能。

表2-3 常用硬质合金刀具牌号及使用性能

| 类别 | 牌号 | 化学成分（质量分数，%） | | | | 使用性能及用途 |
|---|---|---|---|---|---|---|
| | | WC | TiC | TaC（NbC） | Co | |
| 钨钴类 | YG3X | 97 | — | — | 3 | 耐磨性好，但韧性差，适用于铸铁、非铁金属材料及其合金的精镗、精车等，也可用于合金钢、淬火钢的加工 |
| | YG6X | 94 | — | — | 6 | 细颗粒碳化钨合金，耐磨性高于YG6，强度接近于YG6，适用于冷硬合金铸铁、耐热合金钢或普通铸铁的精加工 |

（续）

| 类别 | 牌号 | 化学成分(质量分数,%) | | | | 使用性能及用途 |
|---|---|---|---|---|---|---|
| | | WC | TiC | TaC(NbC) | Co | |
| 钨钴类 | YG6 | 94 | — | — | 6 | 耐磨性介于YG8和YG3之间,适用于铸铁、非铁金属材料及其合金的半精加工,也用于非铁金属线材的拉伸,地质勘探、煤炭采掘用钻头等的加工 |
| | YA6 | 91~93 | — | 1~3 | 6 | 细颗粒碳化钨合金,由于加入少量稀有元素,耐磨性及强度高,适用于铸铁、非铁金属材料及其合金的半精加工,也用于高锰钢、淬火钢、合金钢的半精加工和精加工 |
| | YG8 | 92 | — | — | 8 | 强度高,耐冲击,适用于铸铁、非铁金属材料及其合金或非金属材料的粗加工、断续切削和钻深孔、扩孔等,还适用于拉丝模、采掘工业用钻头、喷嘴、顶尖、导向装置等加工 |
| 钨钴钛类 | YT30 | 66 | 30 | — | 4 | 热硬性和耐热性好,可高速切削,但不抗冲击,焊接和刃磨时应倍加小心,适用于碳钢、合金钢的精加工 |
| | YT15 | 79 | 15 | — | 6 | 耐磨性优于YT5和YT14,但强度和抗冲击性较差,适用于钢材的半精加工和精加工、精车和半精车、精铣和半精铣、扩孔等 |
| | YT14 | 78 | 14 | — | 8 | 强度高,抗冲击性好,耐磨性略低于YT15,适用于钢材的粗加工和半精加工,如不平整断面和连续切削时粗车,间断切削时半精车,连续面的粗铣,还有铸孔和扩钻等 |
| | YT5 | 85 | 5 | — | 10 | 在钨钴钛合金中强度最高,但耐磨性较差,适用于碳钢或合金钢的粗加工及断续切削,如粗车、粗铣、粗刨及钻孔等 |
| 通用类 | YW1 | 84 | 6 | 4 | 8 | 热硬性较好,能承受一定的冲击载荷,是一种通用性较好的合金,适用于耐热钢、高锰钢、不锈钢等难加工钢材和铸铁的加工 |
| | YW2 | 82 | 6 | 4 | 8 | 耐磨性低于YW1,但强度高且能承受较大的冲击负荷,适用于耐热钢、高锰钢、不锈钢等难加工钢材和铸铁的加工 |

（3）涂层刀具

1）TiC 涂层刀片：TiC 涂层的熔点和硬度都很高，耐磨性好，且 TiC 容易扩散到基体内与基体黏结较牢固，因此刀具剧烈磨损时宜涂 TiC 涂层。

2）TiN 涂层刀片：TiN 涂层与铁基材料的亲和力小，在空气中抗氧化能力、抗粘结性能比 TiC 强，因此刀具材料与零件材料容易粘结时宜涂 TiN 涂层。

3）$Al_2O_3$ 涂层刀片：$Al_2O_3$ 涂层在高温下具有良好的热稳定性和较高的高温硬度，因此刀具在高温下切削时宜涂 $Al_2O_3$ 涂层。

（4）其他刀具材料

1）陶瓷。陶瓷刀具是以 $Al_2O_3$（氧化铝）或 SiN（氮化硅）为基体，再添加少量的金属，在高温下烧结而成的一种刀具材料，其硬度可达 91~95HRA，耐磨性比硬质合金高十几倍，适用于加工冷硬铸铁和淬火钢。陶瓷刀具具有良好的抗粘结性能，它与多种金属的亲和力小，化学稳定性好，即使熔化时与钢也不起化合作用。

陶瓷刀具最大的缺点是脆性大、抗弯强度和冲击强度低、热导率差。改善陶瓷材料性能的主要措施是：提高原材料的纯度，采用压微细颗粒、喷雾制粒、真空加热、热压法（HP）、热等静压法（HIP）等工艺；加入碳化物、氮化物、硼化物、纯金属等，以提高陶瓷刀具的性能。

2）金刚石。金刚石刀具可分为天然金刚石、人造聚晶金刚石和复合金刚石刀片三类。金刚石具有极高的硬度、良好的导热性及小的摩擦因数，该类刀具有使用寿命长（比硬质合金刀具寿命长几十倍以上），稳定的加工尺寸精度，以及良好的工件表面质量（车削非铁金属材料可达到 $Ra0.06\mu m$ 以上），并可在纳米级稳定切削。

3）立方氮化硼。立方氮化硼（CBN）是新型刀具材料，其晶体结构与金刚石类似。立方氮化硼刀具具有很好的热硬性，可以高速切削高温合金，切削速度要比硬质合金刀具高3~5倍，在1300℃高温下能够轻快地切削，性能卓越，使用寿命是硬质合金刀具的20~200倍。使用立方氮化硼刀具可加工以前只能用磨削方法加工的特种钢材，并能获得高的尺寸精度和较好的工件表面质量，实现以车代磨；具有优良的化学稳定性，适用于加工钢铁类材料。虽然立方氮化硼的导热性比金刚石差，但比其他材料高得多，抗弯强度和断裂韧度介于硬质合金和陶瓷之间，所以立方氮化硼刀具非常适合数控加工使用。

**实训题目**

请同学们以采购员的身份到市场调研，了解数控车削刀具主流品牌的材料、价格、型号等，并做好调研报告。

## 二、数控车刀

### 1. 数控车刀的种类及选用

（1）按车刀的种类和用途分类　车床主要用于工件回转表面的加工，如内外圆柱面、圆锥面、圆弧面、螺纹等切削加工。图 2-11 所示为常用车刀的形状和用途。

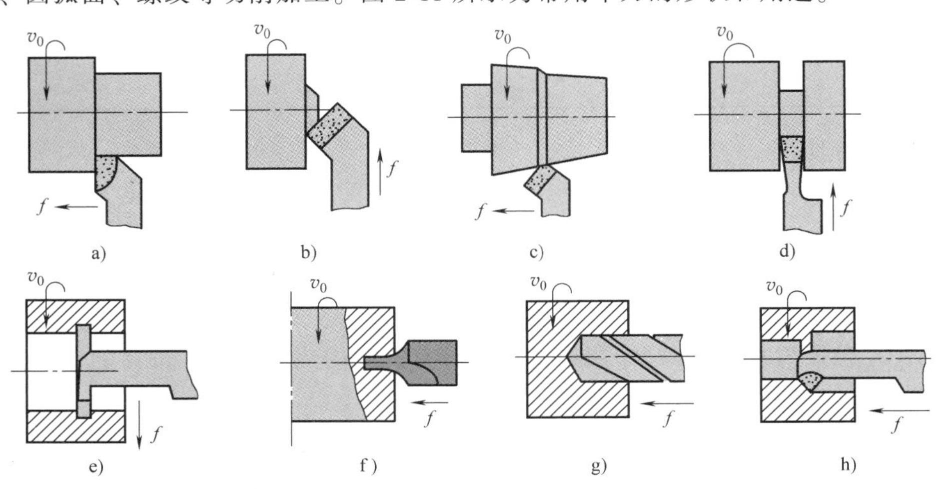


图 2-11　常用车刀的形状和用途

a）车外圆　b）车端面　c）车锥面　d）切槽、切断　e）切内槽　f）钻中心孔　g）钻孔　h）镗孔

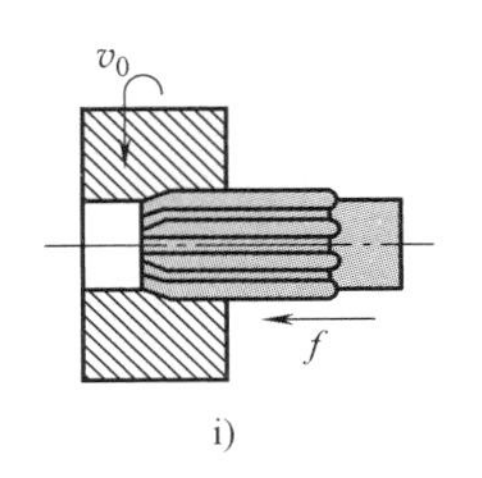


i)

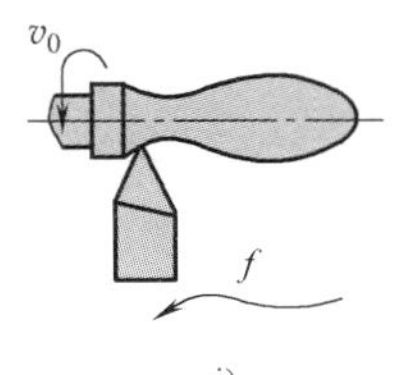


j)

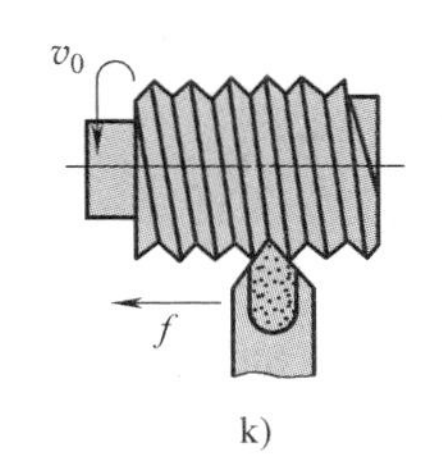


k)

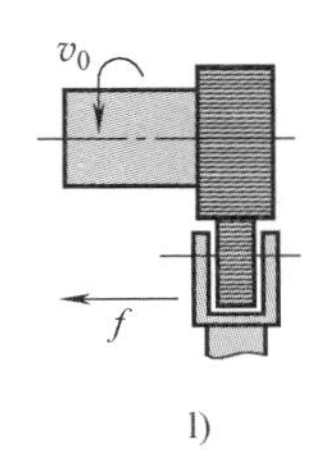


l)

图 2-11　常用车刀的形状和用途（续）

i）铰孔　j）车成形面　k）车外螺纹　l）滚花

（2）按刀尖形状分类　分为尖形车刀、圆弧形车刀和成形车刀。

1）尖形车刀：图 2-12 所示为尖形车刀。这类车刀的刀尖（也称为刀位点）由直线形的主、副切削刃构成，如 90°内外圆车刀、左右端面车刀、切断车刀以及刀尖倒棱很小的各种外圆车刀和内孔车刀。尖形车刀主要用于车削内外轮廓、直线沟槽等直线形表面。

2）圆弧形车刀：图 2-13 所示为圆弧形车刀，它是较特殊的数控加工用车刀，构成主切削刃的切削刃形状为圆度误差或线轮廓度误差很小的一段圆弧，该圆弧刃每一点都是刀具的切削点，因此刀位点不在圆弧上，而在该圆弧刃的圆心上。圆弧形车刀主要用于加工有光滑连接（凹形）的成形面及精度、表面质量要求高的表面。

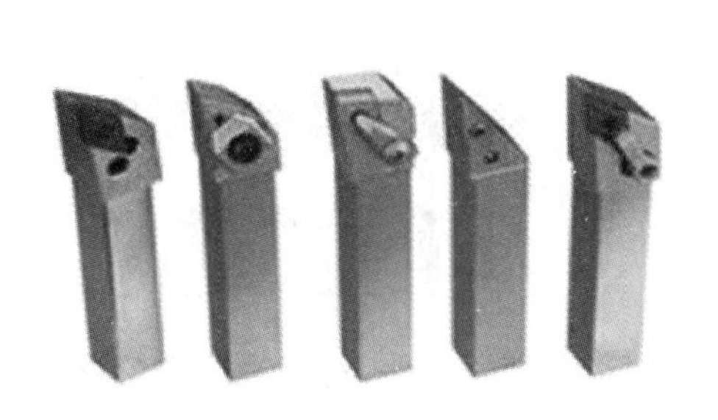

图 2-12　尖形车刀

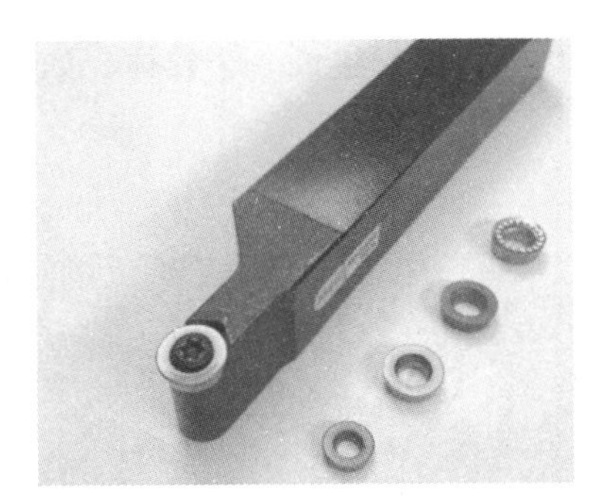

图 2-13　圆弧形车刀

**小知识**

选择车刀圆弧半径的大小时，应考虑两点：

第一，车刀切削刃的圆弧半径应当小于或等于工件凹形轮廓上的最小半径，以免发生加工干涉。

第二，该半径不宜选择得太小，否则不但难于制造，还会因其切削刃强度太低或刀体散热能力差，使车刀容易损坏。

3）成形车刀：俗称样板车刀，其加工零件的轮廓形状完全由车刀切削刃形状和尺寸决定。数控加工中应尽量少用或不用成形车刀。常见的成形车刀有小半径圆弧车刀、非矩形槽车刀和螺纹车刀等，图 2-14 所示为数控螺纹车刀。

（3）按车刀的结构形式分类

1）机夹可转位车刀。

为了减少转刀时间和方便对刀，便于实现加工自动化，数控加工过程中应尽量选用机夹可转位车刀，如图 2-15 所示。机夹可转位车刀的刀片为多边形，有多条切削刃，当某条切削刃磨损钝化后，只需松开夹固元件，将刀片转一个位置便可继续使用。其最大优点是车刀几何角度完全由刀片保证，切削性能稳定，刀杆和刀片已标准化，加工质量好。机夹可转位车刀刀片的形状主要根据被加工工件的表面形状、切削方法、刀具寿命和刀片的转位次数等因素选取。常用硬质合金车刀刀片如图 2-16 所示。

图 2-14　数控螺纹车刀

图 2-15　机夹可转位车刀

图 2-16　常用硬质合金车刀刀片

2）整体式车刀。图 2-17 所示的高速钢刀具是整体式车刀，其刀头和刀柄用同样材料制成，刀具形状需要根据使用刃磨，刀柄较长。

3）焊接式车刀。焊接式车刀的切削部分（刀片）用硬质合金制成，刀柄用中碳钢制成，刀片和刀柄焊接成一个整体，如图 2-18 所示。

图 2-17　高速钢刀具

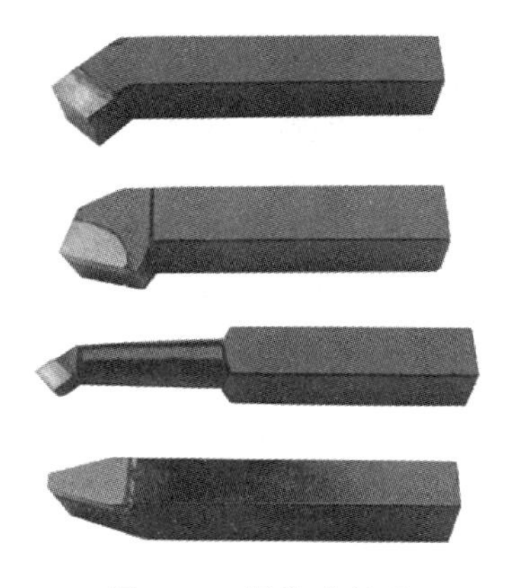

图 2-18　焊接式车刀

**2. 数控刀具的选择**

选择刀具应考虑的要素如下：

1）工件材料。

2）工件材料的性能。

3）工件的几何形状、精度（尺寸公差、几何公差、表面粗糙度）和加工余量等因素。

4）切削工艺。

5）刀具能承受的切削用量。

6）工件的生产批量，影响刀具的经济寿命。

7）生产现场的条件。

**想一想**

用数控车床加工图 2-19 所示零件，应该选择什么刀具？

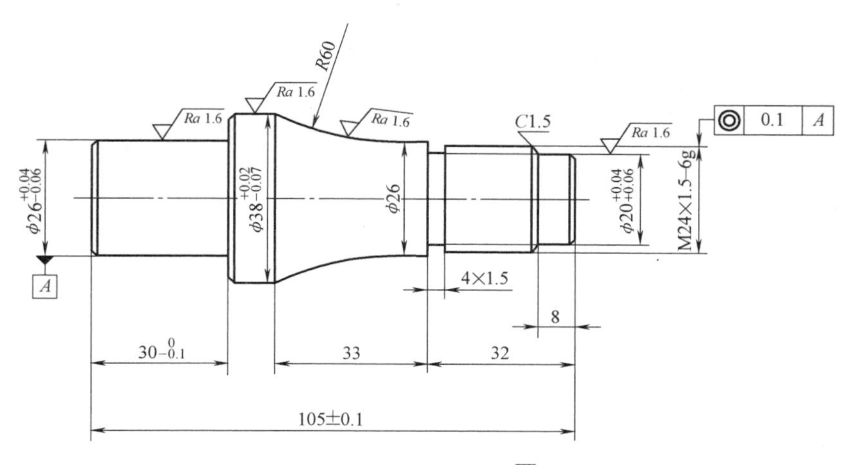


图 2-19 轴零件图

## 三、数控铣刀

### 1. 数控铣刀的分类

铣刀种类很多，这里只介绍几种在数控机床上常用的铣刀，如图 2-20 所示。

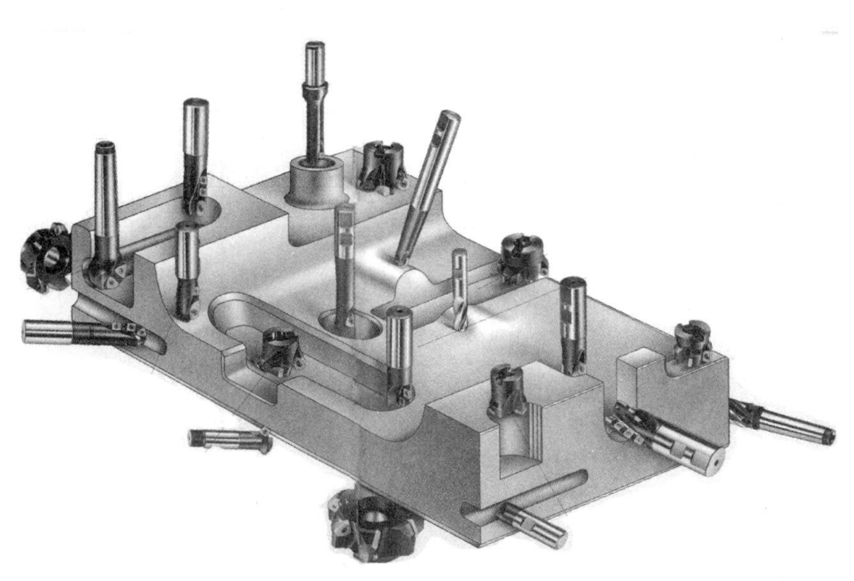

图 2-20 数控铣刀种类

(1) 面铣刀　面铣刀主要用于立式铣床加工平面和台阶面等。面铣刀的主切削刃分布在铣刀的圆柱面或圆锥面上，副切削刃分布在铣刀的端面上。

如图 2-21 所示，面铣刀多制成套式镶齿结构，刀齿材料为高速钢或硬质合金，刀体材料为40Cr。按国家标准规定，高速钢面铣刀直径 $d=80\sim250\text{mm}$，螺旋角 $\beta=10°$，刀齿数 $z=10\sim20$。硬质合金面铣刀与高速钢面铣刀相比，铣削速度较高，加工效率高，加工表面质量也较好，并可加工带有硬皮和淬硬层的工件，因此得到广泛应用。

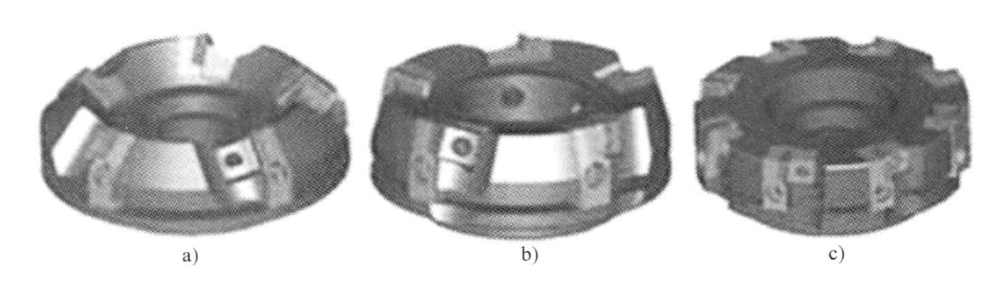


图 2-21　面铣刀

a）45°可转位面铣刀　b）75°可转位面铣刀　c）90°可转位面铣刀

（2）立铣刀

1）立铣刀的结构。立铣刀是数控机床上用得最多的一种铣刀，其结构如图 2-22 所示。立铣刀的圆柱表面和端面上都有切削刃，它们可同时进行切削，也可单独进行切削。立铣刀圆柱表面上的切削刃为主切削刃，端面上的切削刃为副切削刃。主切削刃一般为螺旋齿，这样可以增加切削平稳性，提高加工精度。由于普通立铣刀端面中心处无切削刃，所以立铣刀不能做轴向进给，端面刃主要用来加工与侧面相垂直的底平面。为了能加工较深的沟槽，并保证有足够的备磨量，立铣刀的轴向长度一般较长。

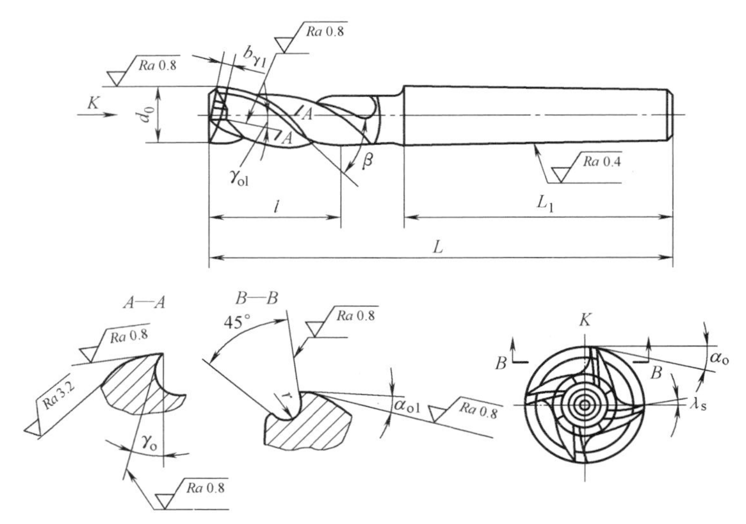


图 2-22　立铣刀的结构

2）立铣刀的种类。标准立铣刀的螺旋角 $\beta$ 为 40°～45°（粗齿）和 30°～35°（细 86 齿），套式结构立铣刀的 $\beta$ 为 15°～25°。直径较小的立铣刀，一般制成带柄形式。$\phi2\sim\phi71\text{mm}$ 的立铣刀制成直柄；$\phi6\sim\phi63\text{mm}$ 的立铣刀制成莫氏锥柄；$\phi25\sim\phi80\text{mm}$ 的立铣刀做成 7∶24 锥柄，内有螺孔用来拉紧刀具。由于数控机床要求铣刀能快速自动装卸，故立铣刀柄部形式有很大不同，一般是由专业厂家按照一定的规范设计制造成统一形式和尺寸的刀柄。直径大于 $\phi160\text{mm}$ 的立铣刀可做成套式结构。图 2-23 所示为常用立铣刀。

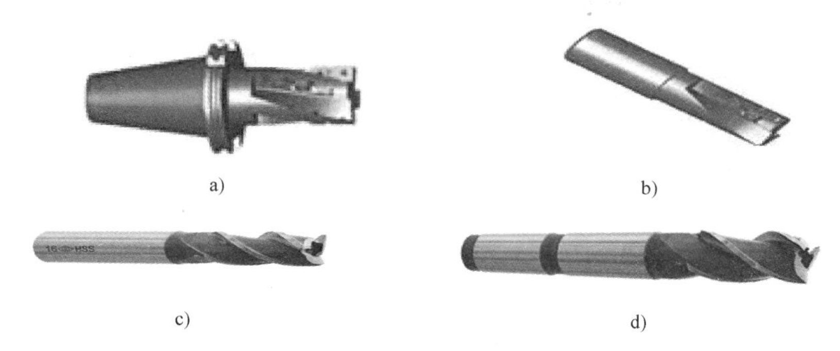


图 2-23　常用立铣刀

a）可转位螺旋锥柄立铣刀　b）可转位螺旋直柄立铣刀　c）三齿直柄立铣刀　d）锥柄三齿立铣刀

（3）仿形铣刀　仿形铣通常是用球头铣刀或者装用圆刀片的面铣刀（俗称牛鼻刀）来完成曲面的加工。这种专门用于加工曲面的铣刀称为仿形铣刀。图 2-24 所示为刀片式球头铣刀。

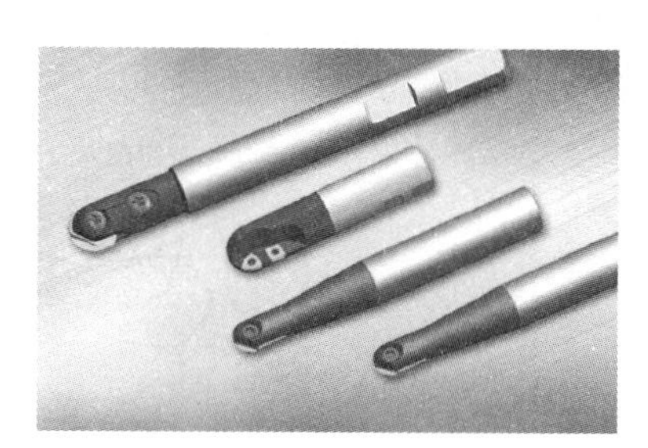

图 2-24　刀片式球头铣刀

（4）数控机床的工具系统　一是刀具部分，二是刀具柄部（刀柄）、接杆（接柄）和夹头等装夹工具部分。

1）刀柄形式。刀柄一般采用 7：24 圆锥柄。常用的刀柄有 JT、BT 和 ST 三种，它们可直接与机床主轴连接。表 2-4 为数控刀柄代码及形式。

**表 2-4　数控刀柄代码及形式**

| 刀柄的形式 | | 刀柄的尺寸 |
|---|---|---|
| 代码 | 代码的含义 | |
| JT | 加工中心机床用锥柄，带机械手夹持槽 | ISO 锥度号 |
| BT | 一般镗铣床用刀柄 | ISO 锥度号 |
| ST | 一般镗铣床用刀柄，无机械手夹持槽 | ISO 锥度号 |

2）刀柄尺寸。刀柄形式代码后面的数字为柄部尺寸。7：24 圆锥柄的锥度号有 25、30、40、45、50 和 60 等。例如：BT40 表示该辅具是一般铣床用的 7：24 锥度的 40 号锥柄，如图 2-25 所示。

3）拉钉。日本标准 MAS403 拉钉如图 2-26 所示，它配用 BT 型刀柄。

4）ER 型卡簧。图 2-27a 所示为 ER 型卡簧，其夹紧力不大，适用于夹持直径在 16mm 以下的铣刀。直径在 16mm 以上的铣刀应采用夹紧力较大的 KM 型卡簧，如图 2-27b 所示。

### 2. 孔加工刀具

（1）麻花钻　在加工中心上钻孔大多采用普通麻花钻。麻花钻有高速钢和硬质合金两种类型。根据柄部不同，麻花钻有莫式锥柄

图 2-25　数控刀柄结构

图 2-26　日本标准 MAS403 拉钉

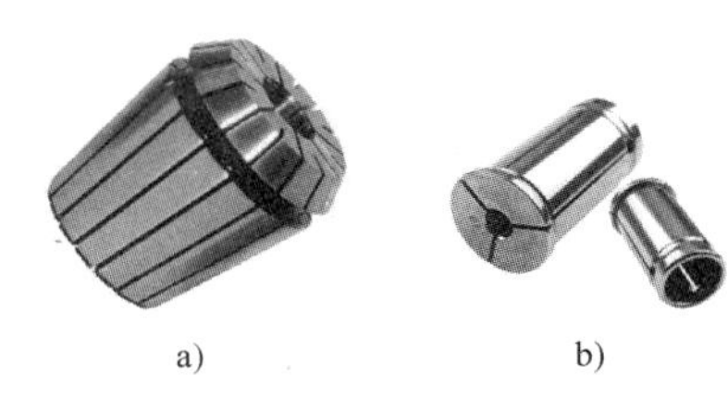


图 2-27　卡簧

a) ER 型卡簧　b) KM 型卡簧

和圆柱柄两种类型。直径为 8～80mm 的麻花钻多为莫式锥柄形式，可直接装在带有莫式锥孔的刀柄内，刀具长度不能调节；直径为 0.1～20mm 的麻花钻多为圆柱柄，可装在钻夹头刀柄上。中等尺寸的麻花钻两种形式均可选用。图 2-28 所示为麻花钻结构。

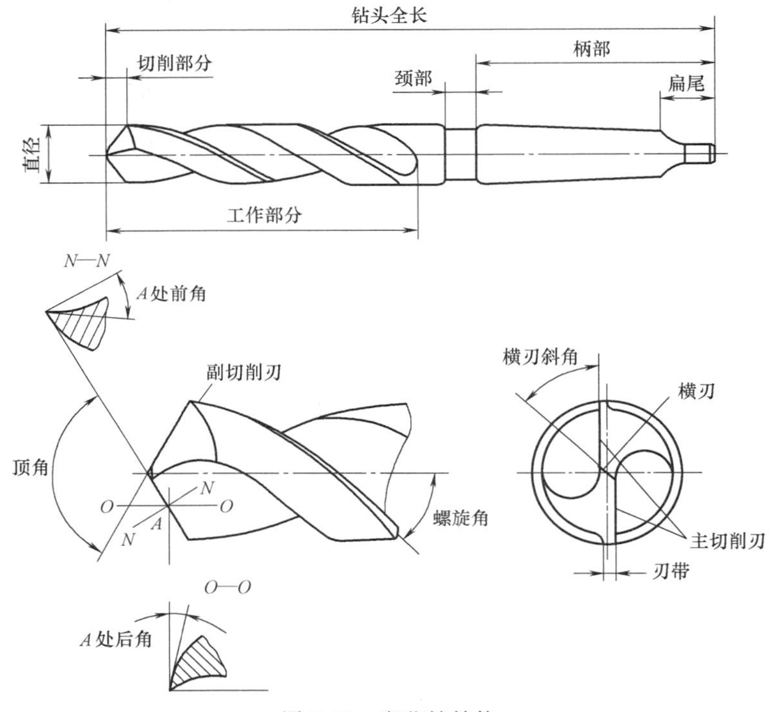


图 2-28　麻花钻结构

(2) 中心钻　中心钻用于孔加工的预制精确定位，引导麻花钻进行孔加工，减少误差，如图 2-29 所示。

(3) 镗孔刀具　镗孔所用刀具称为镗刀。镗刀种类很多，按切削刃数量可分为单刃镗刀和双刃镗刀。镗削通孔、阶梯孔和不通孔时可分别选用图 2-30 所示的单刃镗刀。

1) 单刃镗刀。单刃镗刀头结构类似车刀，用螺钉装夹在镗杆上，适应性较广，粗、精加工都适用。目前较多选用精镗微调镗刀，如图 2-31 所示。这种镗刀的径向尺寸可以在一定范围内进行微调，调节方便，且精度高。

2) 双刃镗刀。双刃镗刀是定尺寸刀具，它在对称方向上同时有切削刃参加切削，因而可消除因镗孔时的背向力对推杆的作用而产生的加工误差。双刃镗刀有固定式和浮动式两

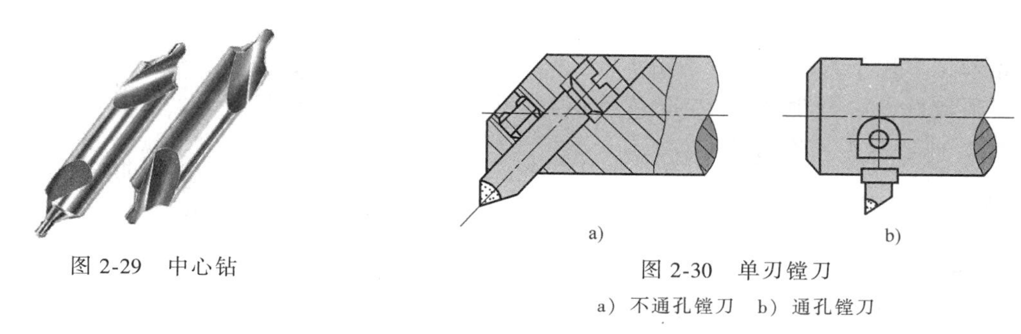


图 2-29　中心钻

图 2-30　单刃镗刀

a）不通孔镗刀　b）通孔镗刀

种，多用来镗削直径大于 30mm 的孔。图 2-32 所示为双刃镗刀。

图 2-31　单刃微调镗刀

图 2-32　双刃镗刀

（4）铰孔刀具　加工中心上使用的铰刀多是通用标准铰刀，如图 2-33 所示，此外还有机夹硬质合金刀片单刃铰刀和浮动铰刀等。

加工尺寸公差等级为 IT7～IT10、表面粗糙度值 $Ra$ 为 0.8～1.6μm 的孔时，多选用通用标准铰刀。机用铰刀有直柄机用铰刀、锥柄机用铰刀和套式机用铰刀三种。锥柄铰刀直径为 10～32mm，直柄铰刀直径为 6～20mm，小孔直柄铰刀直径为 1～6mm，套式铰刀直径为 25～80mm。

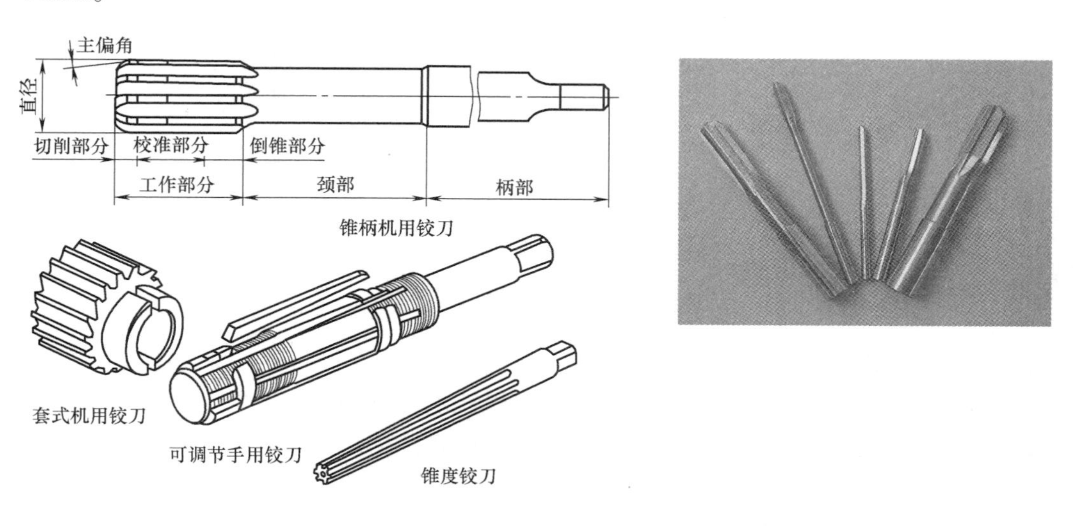


图 2-33　铰刀

（5）丝锥　丝锥是一种加工内螺纹的刀具，沿轴向开有沟槽。丝锥根据其形状分为直槽丝锥、螺旋槽丝锥和螺尖丝锥（先端丝锥）。直槽丝锥加工容易，精度略低，产量较大，一般用于普通车床、钻床及攻丝机的螺纹加工用，切削速度较慢。螺旋槽丝锥多用于数控加工中心钻不通孔用，加工速度较快，精度高，排屑较好，对中性好。螺尖丝锥前部有容屑槽，用于通孔的加工。图 2-34 所示为丝锥的类型。

图 2-34　丝锥的类型

## 四、刀具的几何角度

### 1. 车刀切削部分的组成要素

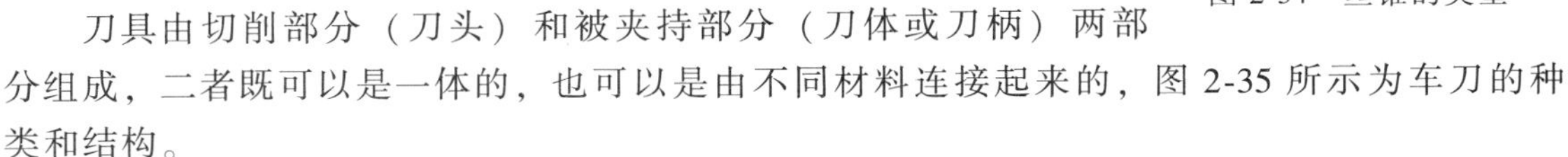

刀具由切削部分（刀头）和被夹持部分（刀体或刀柄）两部分组成，二者既可以是一体的，也可以是由不同材料连接起来的，图 2-35 所示为车刀的种类和结构。

刀头用以焊接或夹持刀片，或由它形成切削刃直接参加切削工作，称为切削部分。刀体（刀柄）用来将车刀夹持在刀架上，称为夹持部分。典型外圆车刀的切削部分一般由三个刀面、两个切削刃和一个刀尖组成。

1）前刀面：指刀具上切屑流过的表面。

2）主后刀面：指刀具上与过渡表面相对的表面。

3）副后刀面：指刀具上与已加工表面相对的表面。

4）主切削刃：指刀具上前刀面与主后刀面的交线。

5）副切削刃：指刀具上前刀面与副后刀面的交线。

6）刀尖：指主切削刃与副切削刃的交点，通常磨成圆角（修圆刀尖）或短平刃（倒角刀尖）。

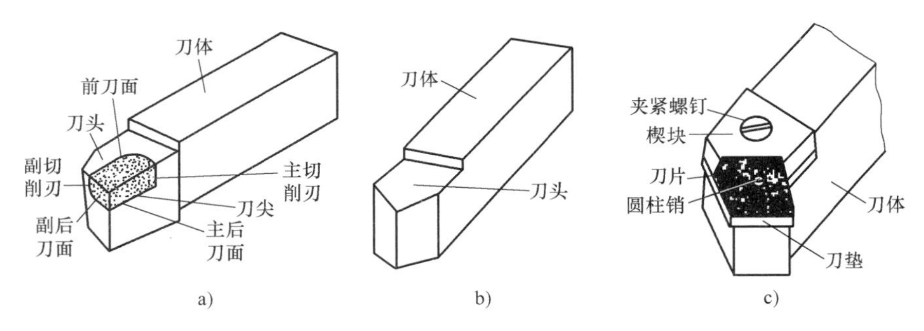


图 2-35　车刀种类、结构

a）焊接式　b）整体式　c）机夹式

### 2. 车刀的辅助平面（图 2-36）

1）切削平面：通过主切削刃上某一点，并与工件加工表面相切的平面。

2）基面：通过主切削刃上某一点，并与该点的切削速度方向垂直的平面。

3）正交平面：通过主切削刃上某一点，并与主切削刃在基面上的投影垂直的平面。

### 3. 车刀的主要角度（图 2-37）

1）主偏角 $\kappa_r$：指主切削刃与进给方向之间的夹角。

它影响切削层的形状，切削刃的工作长度和单位切削刃上的负荷。减少 $\kappa_r$，主切削刃单位长度上的负荷减少，刀具磨损小，寿命更长。

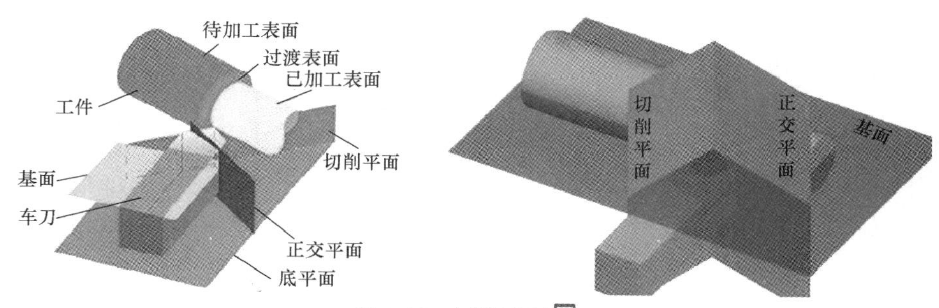


图 2-36　辅助平面

2）副偏角 $\kappa_r'$：指副切削刃与进给方向之间的夹角。

它影响已加工表面质量和刀尖强度。减少 $\kappa_r'$，减少了表面粗糙度值，还可提高刀具强度。$\kappa_r$ 过小，会使副切削刃与已加工面的摩擦增加，引起振动，降低表面质量。

3）前角 $\gamma_o$：指在正交平面内前刀面与基面间的夹角，如图 2-38 所示。前角加大，刃口锋利，切屑变小，切削力小，切削轻快，但易产生崩刃。

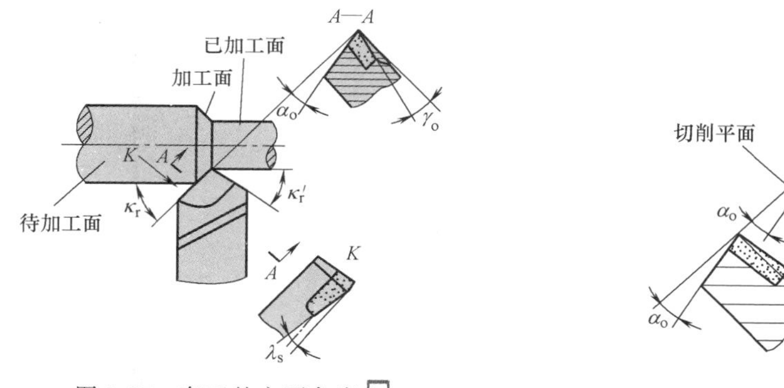


图 2-37　车刀的主要角度

图 2-38　前角的正负

4）后角 $\alpha_o$：指主后刀面与切削平面间的夹角。增大后角可减少摩擦，提高工件表面质量，延长刀具寿命，并使切削刃锋利。

5）刃倾角 $\lambda_s$：指在切削平面内主切削刃与基面间的夹角。如图 2-39 所示，粗加工时

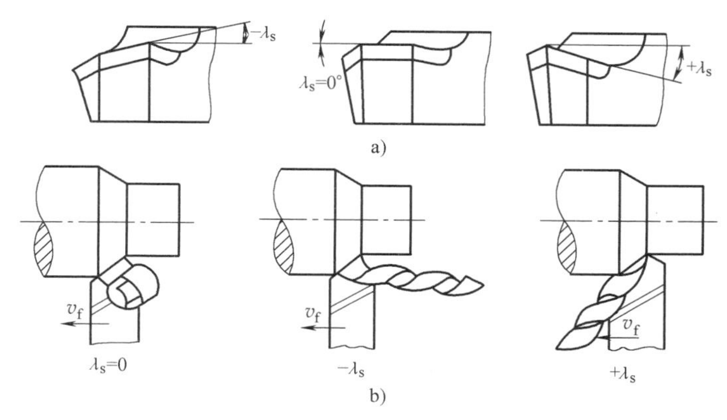


图 2-39　刃倾角

a）刃倾角角度　b）切屑流向

刃倾角取负值，增加了刀头强度；精加工时取正值，不刮伤已加工表面。

## 【课后练习】

1. 工件上有哪三个依次变化的表面？

2. 切削三要素是什么？

3. 现要车削加工一零件，毛坯为45钢，外径为30mm，如何确定粗、精加工的切削用量？

4. 切屑的类型有哪些？

5. 简述积屑瘤对加工的影响。

6. 简述切削液的作用及类型。

7. 简述常用数控刀具的分类。

8. 数控刀具常用材料有哪些？

9. 数控车刀按照用途可分为哪几种？

10. 简述数控铣刀的种类。

11. 简述麻花钻的结构组成。

12. 简述车刀的结构组成。

13. 车刀的几何角度有哪些？

# 实训一　车刀主要角度的测量

## 【实训目的】

1）掌握测量车刀主要角度的方法。

2）了解万能量角台的结构并掌握其使用方法。

3）熟练掌握万能量角台的使用方法及其测量原理。

4）准确测量车刀主偏角、副偏角、前角、后角、刃倾角，记录各个需要测量的角度。

5）找准测量位置，掌握每个角度的测量原理。

## 【实训条件】

万能量角台、车刀。

## 【实训要求】

1）进行切削实训是学习金属切削原理不可缺少的组成部分，对加深理解基本概念，巩固课堂上所学的知识都很重要，每次实训必须认真对待。

2）实训前，必须认真预习有关课堂内容，阅读实训任务书，熟悉实训内容和步骤。

3）实训时要严格按实训指导书的内容和步骤进行，认真操作，做好实训笔记。

4）实训后，请指导教师看实训结果，确认实训通过后应将实训台恢复原状，关好电源。经指导教师同意后才能离开实训室。

5）每次实训后，根据实训指导书的要求，填写实训报告，交给指导教师。

## 【实训步骤】

万能量角台的结构如图 2-40 所示，它不仅能测量正交平面参考系的基本角度，而且能很容易地测量法平面参考系的各个角度。它主要由底座，立柱，测量台，定位块，大、小刻度盘，大、小指度片，螺母等组成。其中底座和立柱支承整个结构，主体刀具放在测量台上，靠紧定位块，可随测量台一起顺时针或逆时针方向旋转，并能在测量台上沿定位块前后移动和随定位块左右移动。旋转大螺母可使滑体上下移动，从而使两个刻度盘及指度片达到需要的高度。使用时旋转测量台的大指度片，使大指度片的前面或底面或侧面与刀具被测要素紧密贴合，即可从底座或刻度盘上读出被测角度值。

**1. 原始位置调整**

将量角台的大、小指度片及测量台全部调至零位，并把刀具放在测量台上，使车刀贴紧定位块、刀尖贴紧大指度片的大面。此时，大指度片的底面与基面平行，刀杆的轴线与大指度片的大面垂直，如图 2-41 所示。

**2. 在基面内测量主偏角、副偏角**

如图 2-42 所示，旋转测量台，使主切削刃与大指度片的大面贴合，即可直接在底座上读出主偏角的数值。同理，旋转测量台，使副切削刃与大指度片的大面贴合，即可直接在底座上读出副偏角的数值。

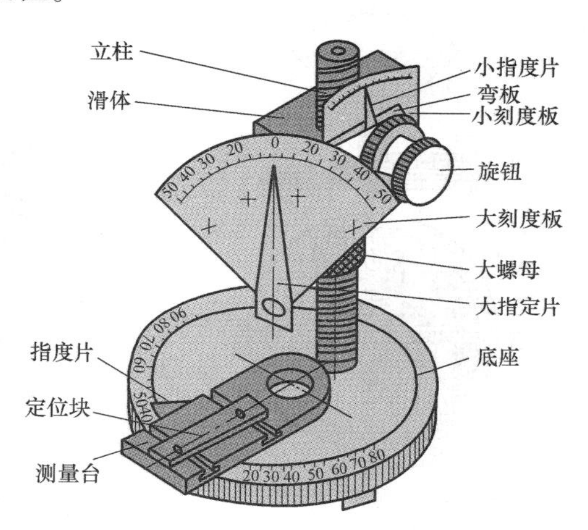


图 2-40　万能量角台

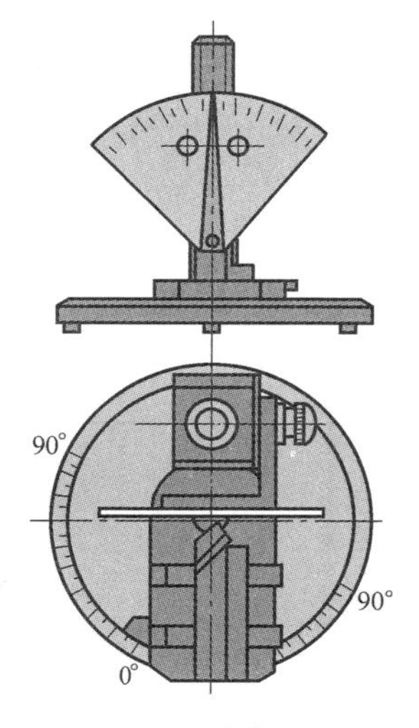


图 2-41　原始位置调整

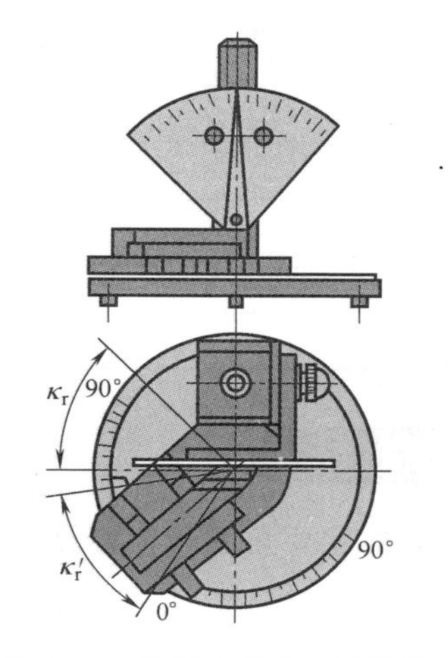


图 2-42　测量主偏角、副偏角

**3. 在切削平面内测量刃倾角**

如图 2-43 所示，旋转测量台，使主切削刃与大指度片的大面贴合，此时，大指度片与车刀主切削刃的切削平面重合。再根据刃倾角的定义，使大指度片底面与主切削刃贴合，即可在大刻度盘上读出刃倾角的数值（注意正负号）。

4. 在正交平面内测量前角、后角

如图 2-44 所示，将测量台从原始位置逆时针方向旋转 $90°-\kappa_r$，此时大指度片所在的平面即为车刀主切削刃上的正交平面。根据前角的定义，调节大螺母，使大指度片底面与前刀面贴合，即可在大刻度盘上读出前角的数值。

如图 2-45 所示，测量后角时量角台处于相同位置，根据后角的定义，调节大螺母，使大指度片侧面与后刀面贴合，即可在大刻度盘上读出后角的数值。

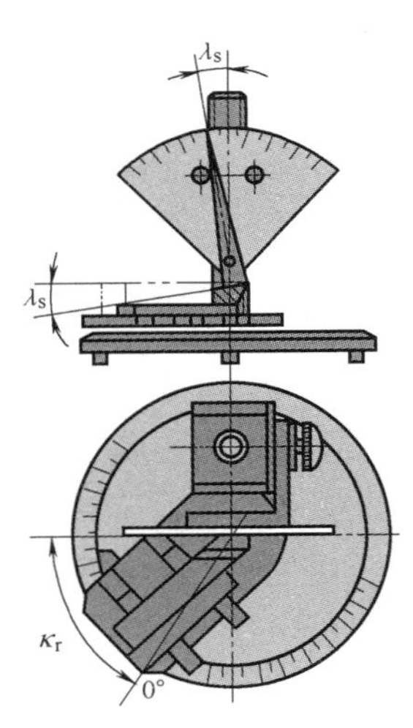

图 2-43 测量刃倾角

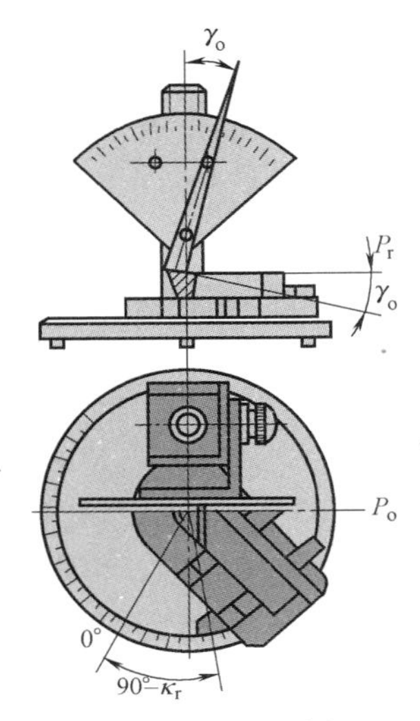

图 2-44 测量前角

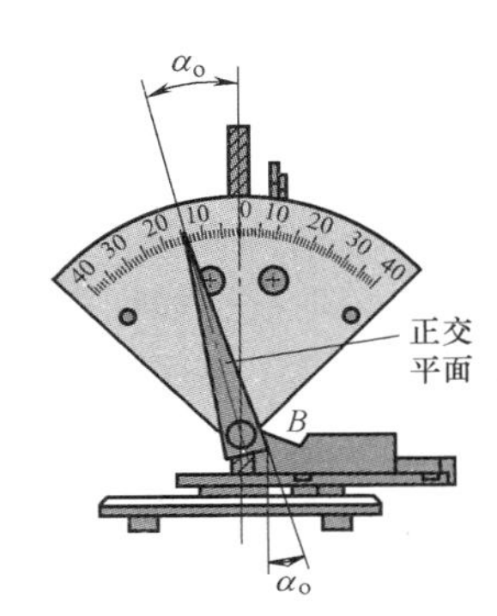

图 2-45 测量后角

## 【实训结果】

| 刀号 | 刀具名称 | 前角 | 后角 | 主偏角 | 副偏角 | 刃倾角 |
|---|---|---|---|---|---|---|
| | | | | | | |
| | | | | | | |
| | | | | | | |
| | | | | | | |
| | | | | | | |

## 【实训总结】

简述车刀的主要角度的位置及作用。

## 【实训评价】

| 等次<br>人员 | 优秀 | 良好 | 合格 |
|---|---|---|---|
| 教师评价 | | | |
| 组内互评 | | | |
| 自评 | | | |
| 总评 | | | |

# 实训二　车刀的刃磨

## 【实训目的】

1）认识外圆车刀的主要角度，正确刃磨外圆车刀。

2）熟悉车刀刃磨安全操作规程，正确操作砂轮，规范车刀刃磨动作及步骤。

3）测量车刀刃磨角度。

## 【实训条件】

砂轮机、刀具（高速钢车刀或硬质合金焊接车刀）及角度尺。

## 【实训要求】

1）刃磨刀具前，首先检查砂轮有无裂纹，砂轮轴螺母是否拧紧，并经试转后使用，以免砂轮碎裂或飞出伤人。

2）刃磨刀具不能用力过大，否则会因手打滑而触及砂轮面，造成事故。

3）磨刀时应戴防护眼镜，以免砂粒和铁屑飞入眼中。

4）磨刀时不要正对砂轮的旋转方向站立，以防发生意外。

5）磨小刀头时，必须把小刀头装入刀杆中。

6）砂轮支架与砂轮的间隙不得大于3mm，如发现间隙过大，应调整适当。

## 【知识链接】

### 1. 砂轮的选用

（1）砂轮的种类

砂轮以粒度表示粗细，一般可分为F36、F60、F80和F120等级别，粒度越大，则表示组成砂轮的磨料越细，反之则越粗。常用的砂轮有氧化铝砂轮和碳化硅砂轮两类，见表2-5。

（2）砂轮的选用　根据车刀的材料来选择砂轮，粗磨时应选用粗砂轮，精磨时应选用细砂轮，选择原则如下：

1）高速钢车刀及硬质合金车刀刀体的刃磨，采用白色氧化铝砂轮。

2）硬质合金车刀的刃磨，采用绿色碳化硅砂轮。

表 2-5 砂轮类型

| 砂轮类型 | 特征 | 应用范围 |
|---|---|---|
| 氧化铝砂轮 | 又称刚玉砂轮,多呈白色,其磨粒韧性好,比较锋利,硬度又较小,自锐性好 | 适用于刃磨高速钢车刀和硬质合金车刀的刀体部分 |
| 碳化硅砂轮 | 多呈绿色,其磨粒的硬度较大,刃口锋利,但脆性大 | 适用于刃磨硬质合金车刀 |

3）粗磨车刀时，采用磨料颗粒尺寸大的粗粒度砂轮，一般选用 F36 或 F60 砂轮。

4）精磨车刀时，采用磨料颗粒尺寸小的细粒度砂轮，一般选用 F80 或 F120 砂轮。

（3）砂轮机　砂轮机是用来刃磨各种刀具、工具的常用设备，分立式和台式两种，由电动机、砂轮机座、托架和防护罩等部分组成，如图 2-46 所示。

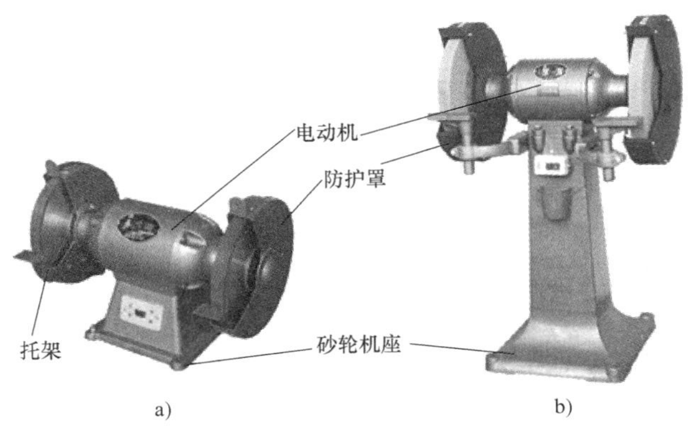


图 2-46 砂轮机
a）台式 b）立式

**2. 车刀的刃磨次序**

车刀的刃磨分为粗磨和精磨。刃磨硬质合金焊接车刀时，还需先将车刀前刀面、后刀面上的焊渣磨去。

1）粗磨时，按主后刀面、副后刀面、前刀面的顺序进行刃磨。

2）精磨时，按前刀面、主后刀面、副后刀面、修磨刀尖圆弧的顺序进行刃磨。

3）硬质合金车刀还需要用细油石研磨切削刃。

## 【实训步骤】

90°车刀的刃磨，操作步骤如下：

**1. 磨焊渣**

选用砂轮：F24~F36 氧化铝砂轮。

刃磨内容：车刀主、副后刀面上的焊渣（并根据情况磨平底面）。

**2. 粗磨主后刀面**

选用砂轮：F36~F60 碳化硅砂轮。

刃磨姿势：右手握住刀头，左手在后握住刀体，在略高于砂轮中心水平位置处粗磨主后刀面。刃磨主后刀面时的操作要点如图 2-47 所示。

1）前刀面向上。

2）刃磨开始时，使车刀由下至上接触砂轮，且主切削刃应与砂轮外圆平行（90°主偏角）。

3）车刀需向上翘 6°~8°（形成主后角）。

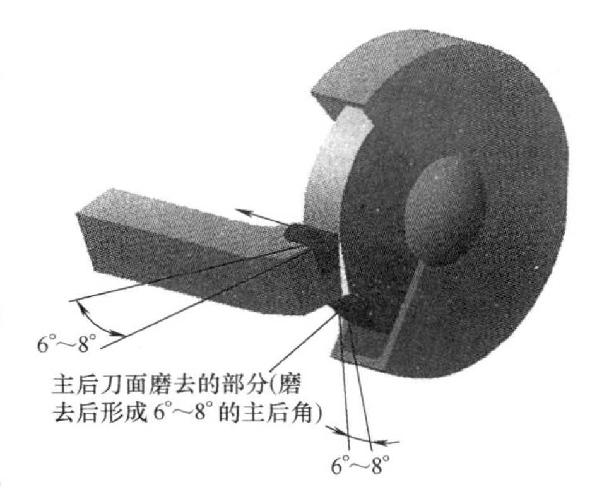


图 2-47 刃磨主后刀面的操作要点

4）刃磨时应左右水平移动。

5）刃磨结束时，使车刀由上至下离开砂轮。

### 3. 粗磨副后刀面

选用砂轮：F36～F60 碳化硅砂轮。

刃磨姿势：两手握刀，在略高于砂轮中心水平位置处粗磨副后刀面。

刃磨副后刀面时的操作要点如图 2-48 所示。

1）前刀面向上。

2）车刀刀头向上翘 8°左右（形成副后角）

3）刀杆向右摆 6°左右（形成副偏角）

4）刃磨时应左右水平移动。

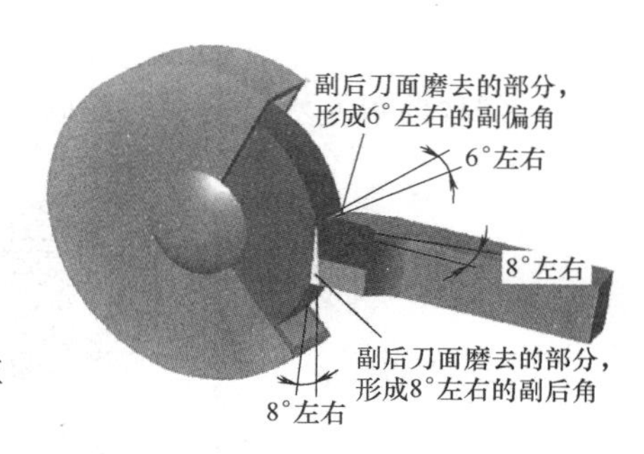


图 2-48　刃磨副后刀面的操作要点

### 4. 粗、精磨前刀面

选用砂轮：F36～F60 碳化硅砂轮。

刃磨姿势：两手握刀，在略高于砂轮中心水平位置处粗、精磨前刀面。

刃磨前刀面时的操作要点如图 2-49 所示。

1）主后刀面向上。

2）刀头略向上抬 3°左右或不抬（0°前角）。

3）主切削刃与砂轮外圆平行（0°刃倾角），左右水平移动进行刃磨。

### 5. 精磨主、副后刀面（同上）

### 6. 修磨刀尖圆弧

选用砂轮：F36～F60 碳化硅砂轮。

刃磨姿势：两手握刀，在砂轮中心水平位置自下至上接触前刀面进行刃磨。

修磨刀尖圆弧时的操作要点如图 2-50 所示。

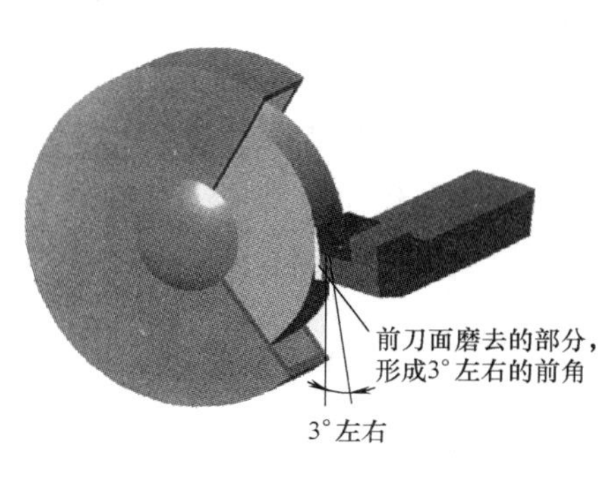


图 2-49　刃磨前刀面的操作要点

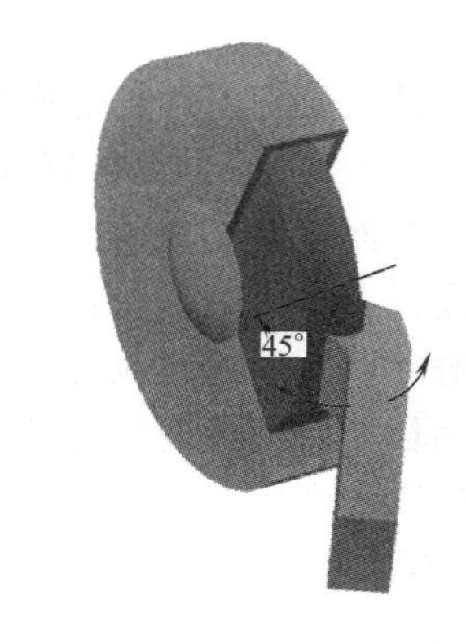


图 2-50　修磨刀尖圆弧的操作要点

1）前刀面向上。

2）刀头与砂轮形成 45°角。

3）以右手握车刀前端为支点，左手转动车刀尾部刃磨出圆弧过渡刃。

### 7. 断屑槽的刃磨

切削时切屑呈带状围绕在工件和车刀上，不断将影响正常的车削，并降低工件表面质量，甚至会发生事故。因此须采取断屑措施，在车刀刀头上磨出断屑槽。

断屑槽刃磨时须将砂轮的外圆和端面的交角处用金刚石笔（或硬砂条）进行修整。刃磨时刀尖可向下磨或向上磨，如图 2-50 所示。选择刃磨断屑槽的部位时应考虑留出倒棱的宽度（即留出相当于进给量大小的距离）。

刃磨断屑槽时的操作要点如图 2-51 所示。

1）刀体与砂轮圆弧切线垂直。

2）做上、下小幅度的缓慢移动。

3）需要时可左右摆动车刀，以磨出所需的断屑槽斜角。

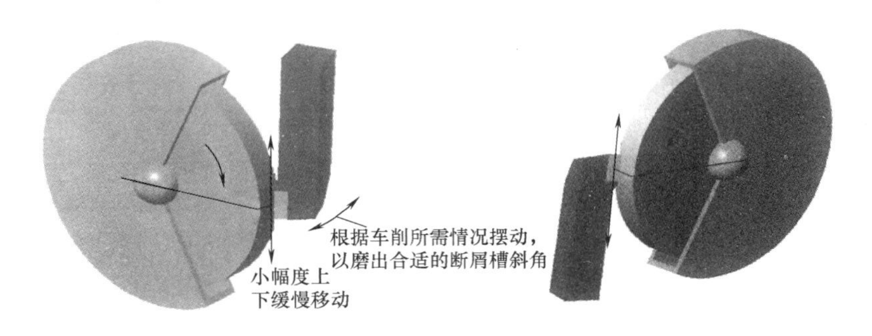


图 2-51　刃磨断屑槽的操作要点

常用的断屑槽有直线形和圆弧形两种形式，如图 2-52 所示，手工刃磨的断屑槽一般为圆弧形，断屑槽的尺寸主要取决于背吃刀量和进给量。

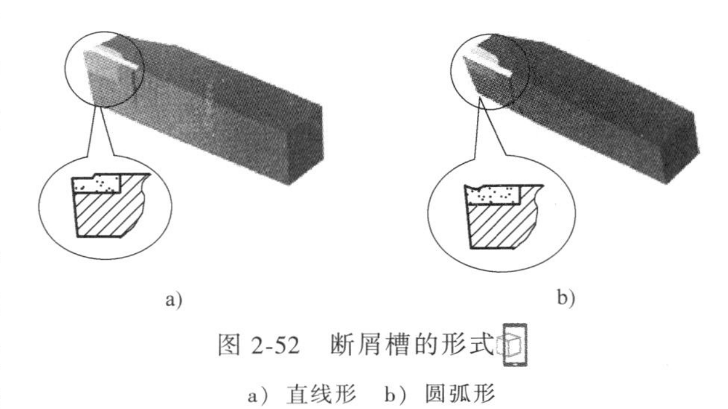


图 2-52　断屑槽的形式

a）直线形　b）圆弧形

**8. 研磨**

由于受砂轮粒度、跳动等影响，砂轮机磨出的车刀各刀面形状与角度并不十分准确，表面粗糙度值较大，因此应采用油石进行手工研磨，以达到更好的效果。研磨时可先采用粗粒度的油石粗研，再用细粒度的油石进行精研。

研磨时要注意以下事项：

1）油石应紧贴研磨面做短程往复运动，幅度不可过大，防止被研磨面不平直。磨至砂轮的磨削痕迹消失为止。

2）研磨过程中，手持油石，贴平各刀面平行移动以研磨各刀面（只需研磨切削刃部分），如图 2-53 所示。

油石特性与砂轮特性相同，研磨高速钢、碳素工具钢刀具时选用刚玉类油石，研磨硬质合金刀具时选用绿色碳化硅油石，形状以矩形条状油石为宜，如图 2-54 所示。新的油石不宜直接研磨车刀，因为油石是通过高温

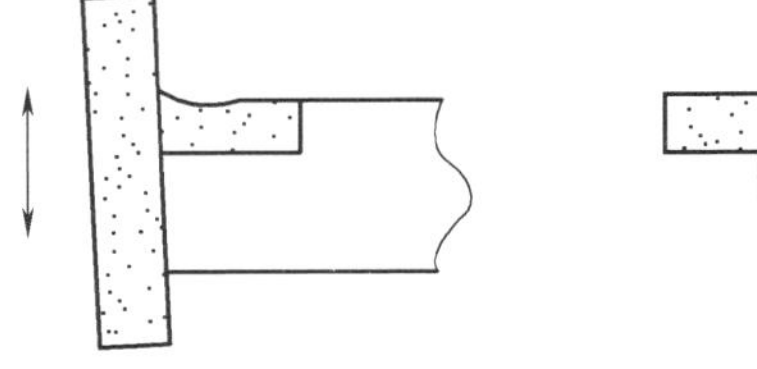

图 2-53　车刀的研磨

烧结而成的，其变形难以避免，特别是那些较薄、较长的油石变形更加严重。此外，烧结后的油石与烧结后的砂轮一样，砂粒均为圆形，是没有“刀口”的油石，如果不经“开口”就使用，势必会因油石无刃口而出现修磨时打滑，切削刃修形后的直线性差等现象。

油石研磨“开口”一般采用 F80～F100 的绿色碳化硅研磨砂作为研磨剂，用煤油或柴油作为研液，在平板上手工按“8”字形或“0”字形轨迹进行研磨，如图 2-55 所示。研磨时手用力不宜过大。圆形油石的研磨是用手指轻按油石在平板上滚动，在滚动过程中观察，待各部位全研磨出即可。研磨好的油石的手感与研磨前截然不同，能明显地感觉到“刀口”的锋利。此外，使用过久、表面有划痕、磨损不均匀的油石也应及时研磨，避免因油石问题而影响车刀的研磨质量。

图 2-54　车刀研磨常用油石

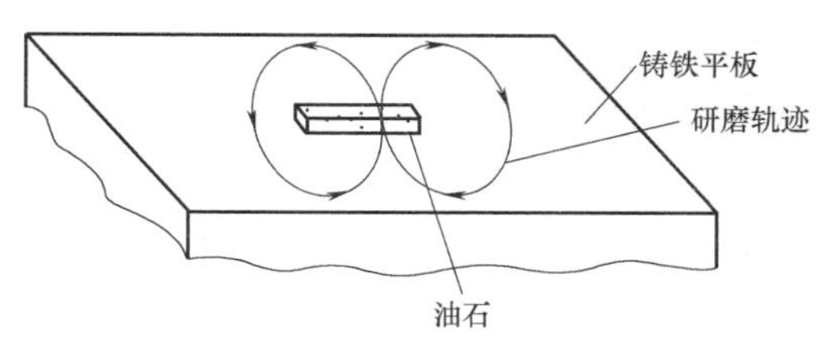


图 2-55　油石研磨“开口”

## 【实训总结】

简述车刀刃磨步骤。

## 【实训评价】

| 等次／人员 | 优秀 | 良好 | 合格 |
|---|---|---|---|
| 教师评价 | | | |
| 组内互评 | | | |
| 自评 | | | |
| 总评 | | | |
| 检查项目 | 优 | 良 | 合格 |
| 前刀面 | | | |
| 主后刀面 | | | |
| 副后刀面 | | | |
| 断屑槽 | | | |
| 刀尖 | | | |
| 表面质量 | | | |

## 实训三　麻花钻的刃磨

### 【实训目的】

1）掌握麻花钻的刃磨方法，正确刃磨麻花钻。

2）熟悉麻花钻刃磨规程，正确操作砂轮，规范麻花钻刃磨操作及步骤。

3）测量麻花钻角度。

### 【实训条件】

砂轮机、麻花钻及角度样板。

### 【实训要求】

1）刃磨刀具前，首先检查砂轮有无裂纹，砂轮轴螺母是否拧紧，并经试转后使用，以免砂轮碎裂或飞出伤人。

2）刃磨刀具不能用力过大，否则会因手打滑而触及砂轮面，造成事故。

3）磨刀时应戴防护眼镜，以免砂粒和铁屑飞入眼中。

4）磨刀时不要正对砂轮的旋转方向站立，以防发生意外。

5）磨小刀头时，必须把小刀头装入刀杆中。

6）砂轮支架与砂轮的间隙不得大于3mm，如发现间隙过大，应调整适当。

### 【知识链接】

麻花钻是机械加工中一种常用的钻孔刀具，其结构虽然简单，但要把它真正刃磨好，也不是一件轻松的事情，关键在于掌握好刃磨的方法和技巧。下面介绍麻花钻的手工刃磨技巧。麻花钻的顶角一般是118°，可把它当作120°来看待。

**1. 刃口要与砂轮面摆平**

刃磨钻头前，先要将钻头的主切削刃与砂轮面放置在一个水平面上，保证刃口接触砂轮面时，整个切削刃都要磨到。这是钻头与砂轮相对位置的第一步，位置摆好钻头再慢慢往砂轮面上靠。

**2. 钻头轴线要与砂轮面倾斜60°**

这里是指钻头轴线与砂轮表面之间的位置关系，取60°即可。要注意钻头刃磨前相对的水平位置和角度位置，二者要兼顾，不要为了摆平刃口而忽略了摆好角度，或为了摆好角度而忽略了摆平刃口。

**3. 由刃口往后面磨**

刃口接触砂轮后，要从主切削刃往后面磨，切入时可轻轻接触砂轮，先进行较少量的刃磨，并注意观察火花的均匀性，及时调整力的大小，还要注意钻头的及时冷却，不能让其过热，造成刃口变色，而至刃口退火。

**4. 刃口要上下摆动，钻头尾部不能翘起**

标准的钻头磨削动作是主切削刃在砂轮上上下摆动，也就是握钻头前部的手要均匀地使钻头在砂轮面上做上下摆动，握柄部的手却不能摆动，还要防止柄部往上翘，即钻头的尾部不能高翘于砂轮水平中心线以上，否则会使刃口磨钝，无法切削，这是最关键的一步。

**5. 保证刃尖对轴线，两边对称慢慢修**

一边刃口磨好后，再磨另一边刃口，必须保证刃口在钻头轴线的中间，两边刃口要对称。有经验的师傅会对着亮光察看钻尖的对称性，慢慢进行修磨。钻头切削刃的后角一般为10°~14°，后角太大，切削刃太薄，钻削时振动加剧，孔口呈三角形或五边形，切屑呈针状；后角太小，钻削时进给力很大，不易切入，导致切削力增加，温升大，钻头发热严重，甚至无法钻削。后角磨得合适，锋尖对中，两刃对称，钻削时钻头排屑轻快，无振动，孔径也不会扩大。

**6. 直径大一些的钻头要磨锋尖**

钻头磨好后，两刃锋尖处会有一个平面，影响钻头的中心定位，需要在切削刃后面倒角，把两刃锋尖处的平面尽量磨小。方法是将钻头竖起，对准砂轮的角，在切削刃后面的根部对着刃尖倒一个小槽。注意在修磨刃尖倒角时，不能磨到主切削刃，否则会使主切削刃的前角偏大，影响钻孔质量。

## 【实训步骤】

**1. 标准麻花钻的刃磨要求**

标准麻花钻有一尖（钻尖），五刃（两主切削刃、两副切削刃、一横刃），四面（两个前刀面和两个后刀面），五角（前角、后角、锋角、横刃斜角、主偏角），刃磨要求是：

1）顶角（锋角）$2\phi=118°\pm2°$。

2）外缘处的后角为10°~14°。

3）横刃斜角为50°~55°。

4）两主切削刃的长度以及与钻头轴线组成的两个$\phi$角要相等，如图2-56所示。扫描图2-57观看标准麻花钻的刃磨方法。

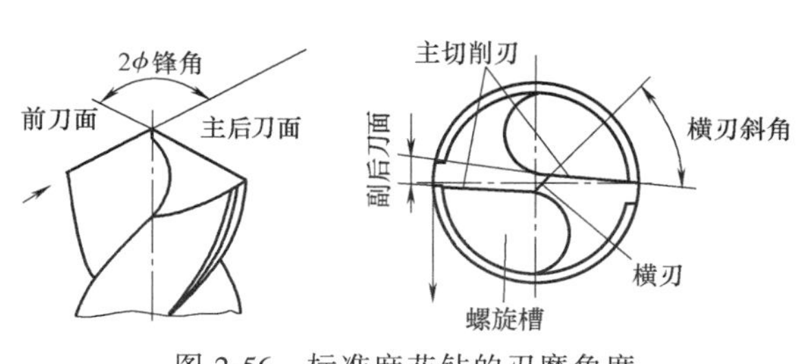


图2-56　标准麻花钻的刃磨角度

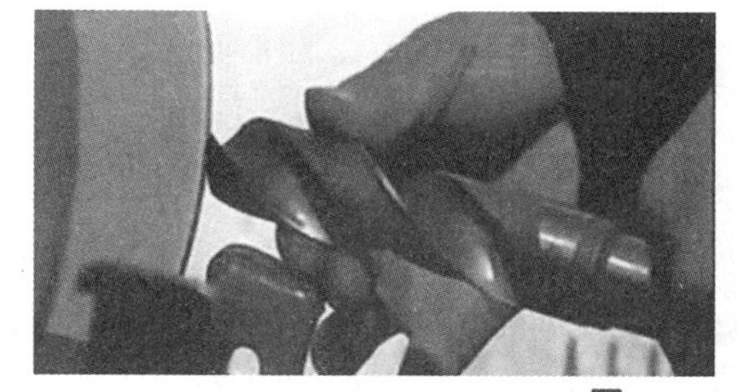

图2-57　标准麻花钻刃磨方法

**2. 标准麻花钻的刃磨方法**

四句口诀：

钻刃摆平轮面靠，钻轴左斜出锋角。

由刃向背磨后面，上下摆尾别翘。

## 【实训检查】

检查方法有两种：一种是用角度样板检验，另一种是用目测法检验。检验项目有6个，即锋角、主切削刃、主偏角、横刃斜角、后刀面、试钻检查。

目测法是：

1）检查锋角，两主切削刃的夹角，大约等于90°。

2）检查主切削刃，两主切削刃长度相等，可用钢直尺、游标卡尺测量。

3）检查主偏角，把钻头切削部分向上竖起，两眼平视，由于两主切削刃一前一后会产生视差，往往感到左刀尖（前刃）高于右刀尖（后刃），所以要旋转180°后反复看几次，如果结果一样，说明主偏角对称。

4）检查横刃斜角，横刃应从中间把两主切削刃和两个锋角平均分开，横刃斜角为50°~55°。

5）检查后刀面，两后刀面应光洁平整，略低于主切削刃。

6）试钻检查，对要求高的钻头应用同等材料在钻床上试钻，要求切屑排出顺畅，钻削轻快、效率高，钻孔后直径达到标准，孔壁光洁。

| 检查项目 | 优 | 良 | 合格 |
|---|---|---|---|
| 锋角 | | | |
| 主切削刃 | | | |
| 主偏角 | | | |
| 横刃斜角 | | | |
| 后刀面 | | | |
| 试钻 | | | |

## 【实训总结】

简述麻花钻刃磨步骤。

## 【实训评价】

| 等次<br>人员 | 优秀 | 良好 | 合格 |
|---|---|---|---|
| 教师评价 | | | |
| 组内互评 | | | |
| 自评 | | | |
| 总评 | | | |

# 第三章

# 工 艺 夹 具

## 第一节　铣床常用夹具

### 一、虎钳的用途和分类

#### 1. 虎钳的用途

虎钳是利用螺杆或其他机构使两钳口做相对移动来夹持工件的工具，是机械加工车间必备的装夹工具。

铣床常用虎钳是机用虎钳，常用于安装小型工件，是铣床、钻床、磨床等机床的附件。机用虎钳的特点是：结构简单、紧凑，夹紧力大，易于操作和使用。

#### 2. 虎钳的分类

常用的虎钳分为台虎钳（图 3-1）和机用虎钳（图 3-2）。台虎钳是钳工必备工具。机用虎钳又称为机用平口钳，是配合机床加工时用于夹紧工件的一种机床附件，是刨床、铣床、钻床、磨床的主要夹具。

图 3-1　台虎钳

图 3-2　机用虎钳

（1）机用虎钳的结构（图 3-3）

1）固定钳身：用来支撑活动钳身及工件。

2）活动钳身：用来收紧或放松固定钳身，从而夹紧工件。

3）钳口铁：夹紧工件时钳口接触工件的部分。

4）压板：用来将活动钳身固定在固定钳身上。

5）螺杆：用来连接固定钳身与活动钳身，并带动活动钳身做轴向运动。

6）螺钉、螺母：用来固定机用虎钳的各部件。

（2）机用虎钳的分类　按结构可分为两类 图 3-4 所示为固定式机用虎钳，固定钳身不会转动方向，直接固定在机床上。图 3-5 所示为转盘（旋转）式机用虎钳，固定钳身可根据不同角度和操作需要进行旋转摆动。根据动力源不同，机用虎钳还可以分为机械虎钳、电动虎钳、液压虎钳、气压虎钳以及多轴虎钳等。

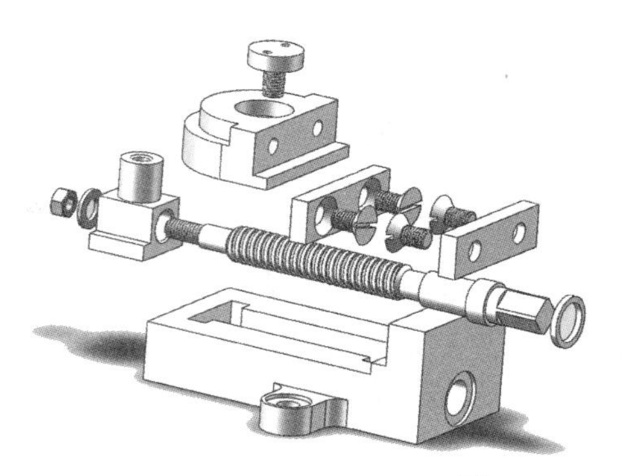

图 3-3　机用虎钳的结构

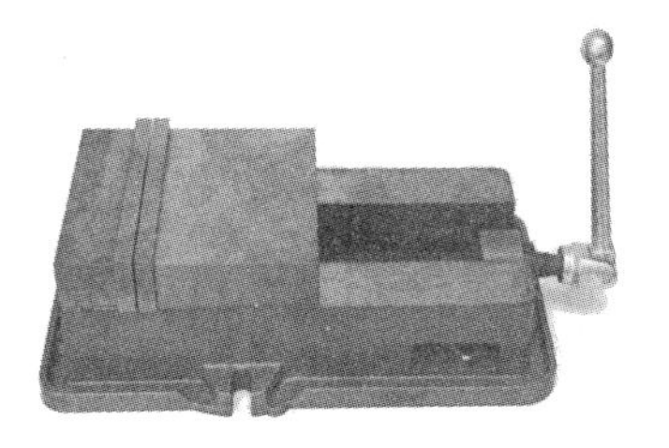

图 3-4　固定式机用虎钳

图 3-5　转盘式机用虎钳

1）液压虎钳。液压虎钳（图 3-6）是对现有螺旋传动虎钳的改进，主要用于成批生产。它能实现快速夹紧与松开，且能保证夹紧力大小。活动钳身通过液压缸来控制，从而实现活动钳身的快速移动；夹紧力则由液压系统中的溢流阀来保证。

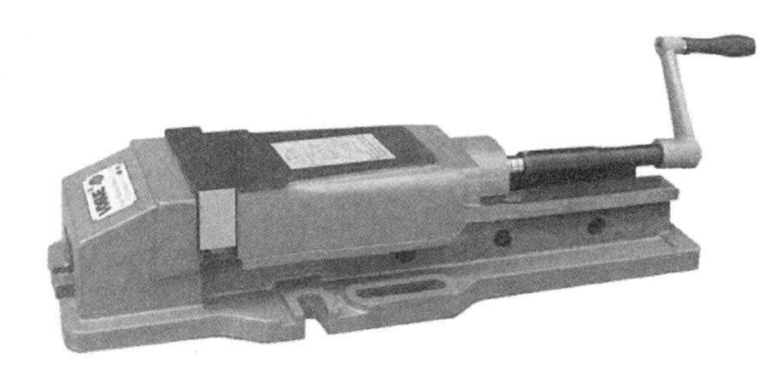

图 3-6　液压虎钳

2）气压虎钳。气压虎钳（图 3-7）又称为气动台虎钳，主要由气缸、钳身、钳口滑块、导向轴、调节螺母等部分构成，其特点是省时、省力，可大大降低生产过程中的劳动强度，提高生产率，是适用于双轴复合机、CNC 加工中心、数控铣床、数控钻床等的大批量生产加工所使用的快速夹具。

图 3-7　气压虎钳

## 二、台虎钳的拆卸与安装

进行台虎钳的拆卸和安装实训可以使学生更准确地了解台虎钳的实际结构及工作原理，从而更加合理地利用台虎钳，并对台虎钳进行定期的维护和保养。

### 1. 台虎钳的拆卸

3-1　台虎钳的拆卸视频

1）在清理及拆装台虎钳之前，应先观察台虎钳是由哪些零部件组装而成的，要怎样清理可以更好地将台虎钳清理干净。

2）将所需拆装的台虎钳小心放在工作台上，准备好拆装工具，主要工具有：一组六角扳手、套筒、加力杆、抹布、刷子、镊子、铁钩。

3）先拆活动钳身，再拆固定钳身，最后拆螺杆，这样拆卸比较方便，且节省时间。

### 2. 台虎钳的安装

3-2　安装台虎钳于工作台视频

1）首先将台虎钳、螺钉、压板、工作台、安装工具准备齐全。

2）在工作台上找到固定台虎钳的合适安装位置，确定安装孔。要保证安装孔位于工作台面的边缘处，这样有利于钳口的自由拉动；然后将台虎钳置于台面上，将螺钉旋入安装孔，务必确保拧紧，使钳身在加工时不会出现松动。

3）安装好后，旋转丝杠试用，确保台虎钳可以正常工作，然后还要根据实际加工需要选择适合的钳口，如要夹持铝制或者较为脆弱的工件，选用毛毡或者橡胶等软性钳口。

## 三、虎钳精度的测试

### 1. 虎钳精度的影响

虎钳作为一种通用夹具，在装夹工件时其自身定位精度会影响零件的定位精度，如果定位时产生的误差超过一定限度，将会严重影响被加工零件的加工精度。

### 2. 虎钳精度的测试步骤

1）擦拭虎钳底座，并用 T 形螺母将虎钳固定于机床上。

2）将磁性座固定于床柱上，装上百分表（图 3-8），并使探针微微接触钳口。左右移动工作台使探针由虎钳钳口移至另一端，检查量表读数是否不同。若不同，则用软头锤轻轻敲击虎钳侧边，将虎钳钳口调整至量表读数一致后将虎钳锁紧。

图 3-8　百分表

注：虎钳的水平度和垂直度分别用量表的探针沿水平和垂直方向测量找正即可，方法同上。

## 四、多轴机用虎钳

多轴机用虎钳（图 3-9）是安装在多轴机床工作台上的夹具，用于夹紧工件，以便进行多轴切削加工。这种虎钳是为多轴机床加工而设计的，工件待加工面全部开放，可以使用标准短刀具。其结构简单而坚固，表面平整，易于清理。

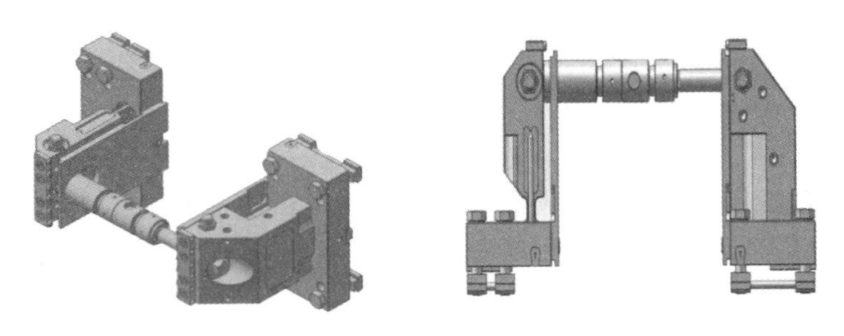

图 3-9　多轴机用虎钳

## 五、软钳口

为了满足工件加工精度要求，防止工件表面被虎钳夹伤，留下印记破坏表面质量，同时保护虎钳不被损坏，满足异型工件的装夹需求，通常会采用软钳口装夹工件。软钳口在虎钳上广泛使用，低碳钢钳口和铝质钳口最为常用，如图 3-10 所示。在软钳口上可以加工出精确的零件外形和基准，不需要和硬钳口一样用到垫块，省去了垫块掉落在工作台上的操作时间。

低碳钢钳口

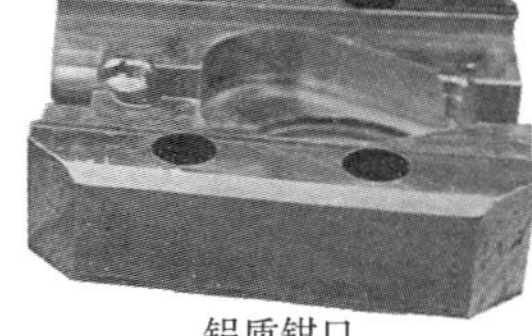

铝质钳口

图 3-10　软钳口

## 六、非夹持胎具

胎具是工艺装备的一种，具有装夹、固定、支撑的作用。胎具是为加工零件专门制作的工具，一般是零件的翻版，如图 3-11 所示。

图 3-11　胎具

在胎具定位夹紧方式中，采用非夹持的方法装夹的胎具称为非夹持胎具，如图 3-12 所示，其定位元件常见的有螺钉和压板，如图 3-13 所示。

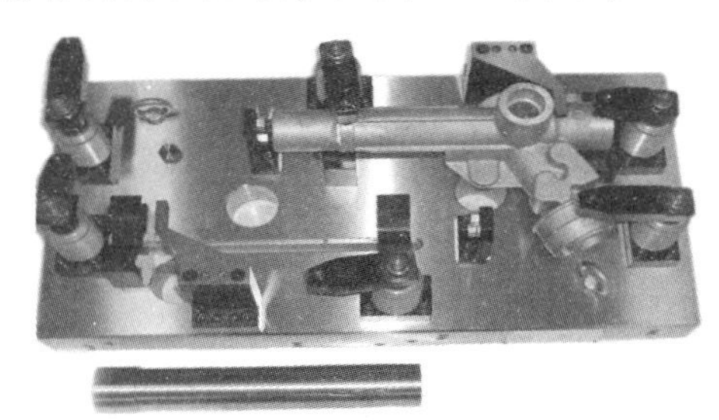

图 3-12　非夹持胎具

图 3-13　螺钉和压板

## 【课后练习】

1. 简述虎钳的特点及用途。
2. 虎钳可分为哪几种？在工作中如何选用？
3. 虎钳的主要结构有哪几部分？
4. 简述拆卸台虎钳时应注意的事项。
5. 虎钳的精度对零件的加工有哪些影响？
6. 什么是虎钳的软钳口？如何制作软钳口？
7. 什么是非夹持胎具？其常用的定位元件有哪些？

## 实训一　台虎钳的拆卸

### 【实训目的】

1）了解台虎钳的结构、各零件的作用及装配关系。

2）具备熟练拆卸台虎钳的技能，并能正确使用及维护台虎钳。

3）培养学生理论联系实际的能力及动手能力。

### 【实训条件】

1）台虎钳若干台。

2）六角扳手、刷子、镊子、铁钩及润滑油。

3）劳动保护用品若干套。

### 【实训要求】

1）严格遵守实训安全操作要求及拆卸注意事项。

2）操作前应根据所使用工具的需要和有关规定穿戴好劳动保护用品。

3）多人作业时，要统一指挥，密切配合，动作协调，注意安全。

4）拆卸下来的零部件应按规定存放，不可乱放。

### 【实训步骤】

1）首先用套筒将活动钳身摇离固定钳身一定距离，以方便活动钳身的拆卸。

2）利用工具拆卸活动钳身。

3）活动钳身拆卸完成后，准备开始拆卸固定钳身，然后将螺钉、键，还有固定钳身放到指定位置。

4）最后开始拆卸螺母，只需用套筒慢慢摇动固定螺杆，螺母会随着螺杆的旋动慢慢旋出，然后将螺母取下、放好。

5）准备清理台虎钳，清理顺序是先清理底座及固定螺杆，再清理固定钳身及活动钳身，最后清理一些小的零部件。

## 【实训总结】

## 【实训评价】

| 人员 \ 等次 | 优秀 | 良好 | 及格 | 不及格 |
|---|---|---|---|---|
| 教师评价 | | | | |
| 组内互评 | | | | |
| 自评 | | | | |
| 总评 | | | | |

# 实训二　机用虎钳精度测试

## 【实训目的】

1）掌握机用虎钳的安装和钳口的校正方法。

2）掌握百分表的使用方法。

3）了解机用虎钳安装和百分表安装使用的注意事项。

## 【实训条件】

机用虎钳，机用虎钳扳手，杠杆百分表，磁力表座，垫铁。

## 【实训要求】

1）严格遵守实训安全操作要求及安装注意事项。

2）操作前应根据所使用工具的需要和有关规定穿戴好劳动保护用品。

3）多人作业时，要统一指挥，密切配合，动作协调，注意安全。

4）工具及测量工具要轻拿轻放，使用及摆放要规范。

## 【实训步骤】

**1. 方法一**

1）利用百分表精确校正。校正时，将磁性表座吸在横梁导轨面上或立铣头主轴部分，安装百分表，使表的测量杆与固定钳口平面垂直。

2）使测头触到钳口平面，测量杆压缩 0.3~0.5mm，纵向移动工作台，观察百分表读数，要求在固定钳口全长内读数一致，则固定钳口与工作台进给方向平行，这样才能在加工时获得一个好的平行度。

3）用相同的方法升降工作台，校正固定钳口和工作台平面的垂直度。

**2. 方法二**

(1) 纵向位置的校正　在机用虎钳内夹一块平行垫铁，在刀架上装一块百分表，使百分表的测头与平行垫铁侧面接触，如图 3-14 所示。百分表的指针摆动范围控制在 0.2mm 左右，然后移动滑枕，观察百分表指针是否摆动，如果指针不摆动，说明机用虎钳的纵向位置正确；如果指针摆动，可松开机用虎钳底座螺母，然后转动机用虎钳再调整，直至指针不摆动为止。

（2）横向位置的校正　将机用虎钳的角度转过 90°，如图 3-15 所示，使百分表仍然与平行垫铁的侧面接触，然后移动工作台，根据指针的摆动情况进行调整。

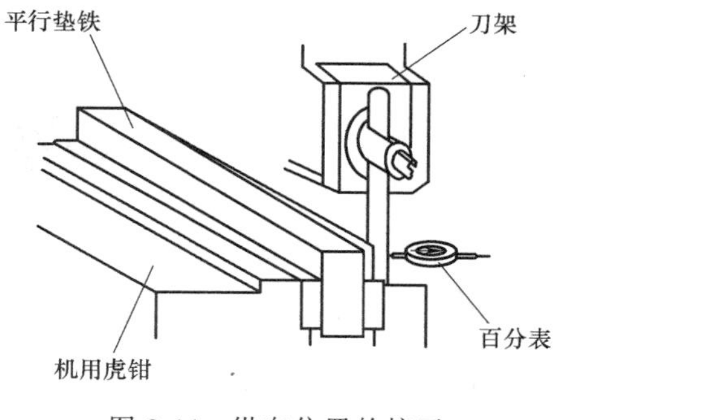

图 3-14　纵向位置的校正

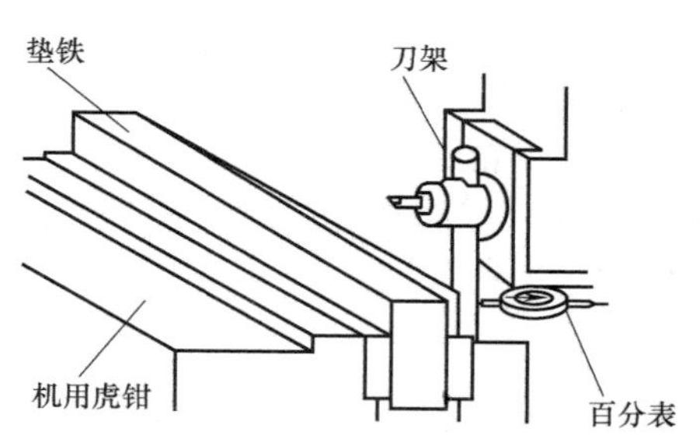

图 3-15　横向位置的校正

（3）水平位置的校正　机用虎钳的水平位置分为在横向与纵向两个方向的水平位置调整。校正纵向水平时，在机用虎钳内夹一把直角尺，使百分表测头与直角尺上棱面接触，然后移动滑枕进行调整。校正横向水平时，在机用虎钳钳身滑动面上放一块平行垫铁，然后使百分表测头与平行垫铁上平面接触，移动工作台，根据指针摆动情况进行调整。

## 【实训检查】

| 测量次数 | | 第一次测量值 | | 第二次测量值 | | 第三次测量值 | | 第四次测量值 | | 第五次测量值 | |
|---|---|---|---|---|---|---|---|---|---|---|---|
| | | 最大值 | 最小值 | 最大值 | 最小值 | 最大值 | 最小值 | 最大值 | 最小值 | 最大值 | 最小值 |
| 水平度 | X 轴方向 | | | | | | | | | | |
| | Y 轴方向 | | | | | | | | | | |
| 垂直度 | Z 轴方向 | | | | | | | | | | |
| 测量结果评定(是否合格) | | | | | | | | | | | |

## 【实训总结】

## 【实训评价】

| 人员＼等次 | 优秀 | 良好 | 及格 | 不及格 |
|---|---|---|---|---|
| 教师评价 | | | | |
| 组内互评 | | | | |
| 自评 | | | | |
| 总评 | | | | |

# 第二节　车床常用夹具

## 一、卡盘与顶尖

### 1. 卡盘

3-3　卡盘工作

卡盘是利用均布在卡盘体上的活动卡爪，对工件进行夹紧和定位的机床附件。卡盘由法兰盘内的螺纹直接装在主轴上，当利用卡盘扳手旋转小锥齿轮时，大锥齿轮随之转动，三个卡爪在大锥齿轮背面的平面螺纹的带动下等速地同时向中心靠拢或离开，其结构如图 3-16 所示。

### 2. 顶尖

顶尖（图 3-17）是机械加工中的机床附件，多用于加工长轴类零件时的定位夹紧。顶尖有固定顶尖（图 3-18）和回转顶尖（图 3-19）两种。固定顶尖是尾柄与头部锥体为一体的顶尖。回转顶尖是尾部带有锥柄，安装在机床主轴锥孔或尾座顶尖轴锥孔中，用其头部锥体顶住工件的顶尖，可对端面复杂的零件和不允许钻中心孔的零件进行支承。

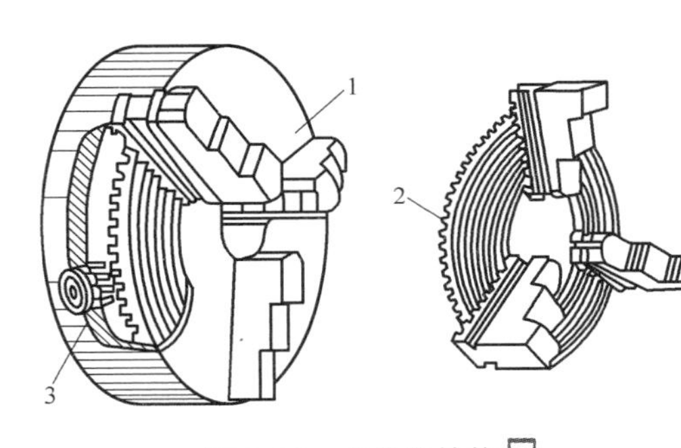

图 3-16　卡盘的结构
1—卡盘体　2—大锥齿轮　3—小锥齿轮

图 3-17　顶尖

图 3-18　固定顶尖

图 3-19　回转顶尖

顶尖主要由顶针、夹紧装置、壳体、固定销、轴承和心轴组成，是一种通用夹具，由自定心卡盘或单动卡盘用紧固件连接在壳体上，壳体与芯轴之间配有轴承，用固定销嵌入配合。

（1）回转顶尖的特点

1）外径小、干涉较少，适合于高转速的切削。

2）可定期注油延长使用寿命。

3）具有一定的防水功能，整体性好，易散热。

4）采用长滚针轴承，三点支撑排列结构，使刚性加强，稳定性好。

（2）固定顶尖的特点

1）前置标准型碳化钨顶心，材质为SK2，硬度可达75HRC。

2）顶心及本体均需要精密研磨以达到要求。

## 二、卡盘的分类

卡盘按卡爪数分为两爪卡盘、自定心卡盘、单动卡盘、六爪卡盘和多轴卡盘；按使用动力分为手动卡盘、气动卡盘、液压卡盘、气压卡盘和机械卡盘；按结构分为中空形和中实形卡盘；按类型分为法兰型机械卡盘和轴座型机械卡盘。

### 1. 单动卡盘

单动卡盘如图3-20所示，由1个盘体，4个小锥齿轮及1副卡爪组成，工作时是用4个丝杠分别带动四爪，因此单动卡盘没有自动定心作用，适用于夹持偏心零件和不规则形状零件。

图3-20　单动卡盘

四爪自定心卡盘有4个小锥齿轮和盘丝啮合，盘丝的背面有平面螺纹结构，卡爪等分安装在平面螺纹上。当用扳手扳动小锥齿轮时，盘丝便转动，它背面的平面螺纹使卡爪同时向中心靠近或退出。因为盘丝上的平面矩形螺纹的螺距相等，所以4个卡爪的运动距离相等，有自动定心的作用，适用于夹持四方形零件和轴类、盘类零件。

### 2. 机械卡盘

机械卡盘（图3-21）是机床上用来夹紧工件的机械装置。

图3-21　机械卡盘

### 3. 液压卡盘

液压卡盘是用液压系统控制的卡盘，是在数控车床主轴上夹持工件的一种夹具。

液压卡盘有两种结构：一种是前置式液压卡盘（图3-22），即卡盘和回转液压缸一体化，此种卡盘安装简单、方便，价格经济实惠；另一种是后拉式液压卡盘（图3-23），即卡盘安装于车床主轴前端，回转液压缸安装于车床主轴后端。

### 4. 气压卡盘

气压卡盘是以压缩气体为动力源的一种卡盘，如图3-24所示。

图3-22　前置式液压卡盘

图3-23　后拉式液压卡盘

图3-24　气压卡盘

气压卡盘的特点：

（1）装夹迅速，可提高工效　与手动卡盘相比，气压卡盘只需按一下按钮，瞬间即可自动定心、夹紧工件，且夹持力稳定可调，除可提高工作效率外，大大降低了人力资源成本，同时也减少了固定设备投入，广泛适用于批量生产企业。

（2）结构简单、安装方便　气压卡盘的整体结构分为卡盘、气压回转器和电气控制部分，安装时无须配拉杆，改善了传统液压卡盘结构复杂、安装麻烦等不足之处，提高了机床运行效率。

（3）无须使用耗材　气压卡盘与液压卡盘相比，其结构简单，使用成本和故障率低，且环保无污染，主要以空气为动力源，可节省气源，更降低了使用液压卡盘所产生的使用成本和维护成本。

（4）夹持精度高、使用寿命长　气压卡盘采用全封闭结构，零部件精度较高，所有配合面均具有防尘功能，选材和热处理工艺较好，大大超过手动卡盘的使用寿命（手动卡盘使用寿命一般为 0.5~1 年）。

（5）安全性及可靠性强　气压卡盘通过气压与斜楔角度产生力的转换，除夹持力大的特点之外，还具有超强的自锁功能，提高了安全性和可靠性。

**5. 多轴卡盘**

（1）四轴卡盘　在三轴立式数控机床上附加一个旋转轴来实现四轴联动加工，即所谓“3+1”形式的四轴联动机床上安装的卡盘称为四轴卡盘，如图 3-25 所示。四轴卡盘的装夹方式十分灵活，可根据所加工的工件形状不同，选配自定心卡盘、单动卡盘或者花盘进行装夹。

图 3-25　四轴卡盘

3-4　五轴卡盘工作

（2）五轴卡盘　五轴联动是五个运动轴可以同时对工件的 1~5 个面分别进行加工。其中围绕 Z 轴转动的轴称为第四轴，围绕 Y 轴转动的轴称为第五轴。在五轴联动机床上安装的卡盘称为五轴卡盘。

## 三、卡盘的安装与拆卸

3-5　自定心卡盘拆装

**1. 自定心卡盘的拆装**

1）松开三个定位螺钉，取出三个小锥齿轮。

2）松开三个紧固螺钉，取出防尘盖板和带有平面螺纹的大锥齿轮。

3）对拆下的零部件进行清理和保养。

**2. 卡爪的安装**

安装卡盘时，用卡盘扳手的方榫插入小锥齿轮的方孔中旋转、带动大锥齿轮的平面螺纹转动。当平面螺纹的螺口转到将要靠近壳体槽时，将 1 号卡爪装入壳体槽内，其余两个卡爪按 2 号、3 号的顺序装入，安装的方法与前面相同，如图 3-26 所示。

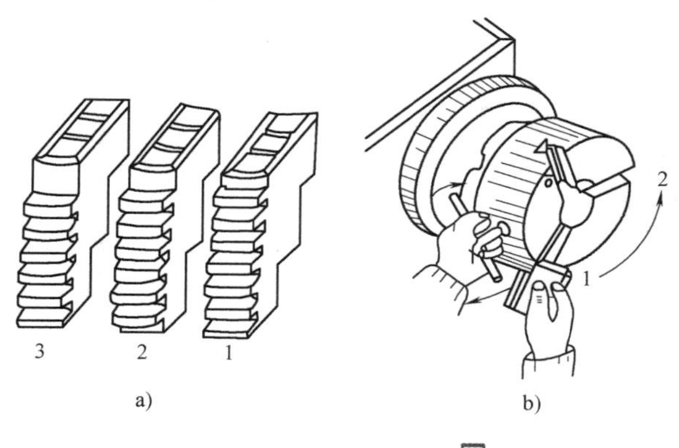


图 3-26　卡爪的安装

a）卡爪的识别和排序　b）安装卡爪

### 3. 卡盘在主轴上的安装与拆卸

卡盘在主轴上的安装与拆卸的准确性会直接对零件的加工精度产生影响，因此正确地安装卡盘十分重要。

1）安装卡盘时，首先将连接部分擦净，加润滑油确保卡盘安装的准确性。

2）将卡盘旋上主轴后，应使卡盘法兰的平面和主轴平面贴紧。

3）拆卸卡盘时，在操作者对面的卡爪与导轨面之间放置一定高度的硬木块和软金属，然后将卡爪转至近水平位置，慢速倒车轻微撞击卡盘。当卡盘松动后，必须立即停车，然后用双手把卡盘卸下。

3-6　卡盘在主轴上安装

## 四、卡盘的精度测试

自定心卡盘所夹持的部位应是定位基准。找正时可以用百分表测量被夹持部分伸出端的径向圆跳动量，粗加工时可用划针接近该表面，通过转动卡盘观察划针与工件表面的间隙来判断跳动量。如果跳动量较大，不满足精度要求，纠正的办法一是检查卡盘本身与机床主轴的同轴度并重装卡盘或校正卡爪，方法二是采取在卡爪与工件之间垫铜皮的办法把工件表面跳动量减少到工艺允许范围。如果工件较短或为盘类零件，最好同时采用端面辅助定位。

3-7　卡盘精度测试

## 五、软爪卡盘

当车削批量较大的工件时，为了提高加工时工件的定位精度和节约安装时的辅助时间，可采用软爪卡盘。

软爪卡盘能最大限度地保证工件的重复定位精度，使加工工件的中心线与主轴中心线完全重合。最重要的是，软爪能和工件表面最大限度地贴合，既能保证传递更大的转矩，也能避免工件夹伤，这些优势是硬卡爪无法比拟的。

这里“软”的意思是加工性能好，并不代表一定要比工件的硬度低。常用软爪有扇形软爪（图 3-27）和标准软爪（图 3-28）两种。

图 3-27　扇形软爪

图 3-28　标准软爪

**【课后练习】**

1. 简述卡盘的用途及其结构组成。
2. 卡盘的种类有哪些？在工作中如何选用各类卡盘？
3. 在拆装卡盘的过程中应注意哪些？
4. 卡盘精度对加工精度有哪些影响？
5. 什么是软爪卡盘？常用的软爪形式有哪些？

## 实训三　自定心卡盘的拆装

**【实训目的】**

1）认识常用工具。

2）了解自定心卡盘的规格和用途。

3）掌握自定心卡盘的拆装方法。

4）掌握自定心卡盘装夹工件的方法。

**【实训条件】**

1）车床，工作台。

2）自定心卡盘，扳手等拆卸工具，木锤、套筒等辅助工具，清洁工具，防护润滑油等保养工具。

**【实训要求】**

1）严格遵守实训安全操作要求及拆装注意事项。

2）操作前应根据所使用工具的需要和有关规定穿戴好劳动保护用品。

3）多人作业时，要统一指挥，密切配合，动作协调，注意安全。

4）拆卸下来的零部件应尽量放在一起，并按规定存放，不可乱放。

**【实训步骤】**

### 一、卡盘装卸前的准备工作

1）装卸卡盘前应切断电动机电源，即关闭电源总开关。

2）卡盘及卡爪的各个表面，尤其是定位配合表面应擦拭干净并涂上防护油。

3）在靠近主轴处的床身导轨上垫一块木板，以保护导轨面不受意外撞击。

## 二、自定心卡盘卡爪的装卸（图 3-26）

### 1. 识别卡爪序号

1）首先观察卡爪侧面上的号码，以确定三个卡爪的序号。

2）若卡爪侧面上的号码不清楚，则可把三个卡爪并排放在一起，比较卡爪背面的螺纹牙数，最多的为 1 号卡爪，最少的为 3 号卡爪。

3）也可将卡爪并列在一起，比较每个卡爪上第一条螺纹与卡爪夹持部分距离的大小，距离最小的为 1 号卡爪，距离最大的为 3 号卡爪。

### 2. 安装自定心卡盘的卡爪

1）将卡盘扳手的方榫插入卡盘外壳圆柱面上的方孔中，按顺时针方向旋转，以带动大锥齿轮背面的平面螺纹转动，当平面螺纹的端扣转到将要接近壳体上的槽 1 时，将 1 号卡爪插入壳体槽内。

2）继续顺时针方向转动卡盘扳手，用同上的方法在卡盘壳体上的槽 2 中装入 2 号卡爪。

3）用同上的方法在槽 3 中装入 3 号卡爪。

### 3. 拆卸自定心卡盘的卡爪

按照与安装卡爪相反的步骤拆卸自定心卡盘的卡爪。

## 三、自定心卡盘的装卸

### 1. 拆卸自定心卡盘

1）在主轴孔内插入一根硬质木棒，木棒的另一端伸出卡盘外并置于刀架上，应注意安全，最好由两人共同完成。

2）用内六角扳手卸下连接连接盘与卡盘的 3 个螺钉，并用木锤轻敲卡盘背面，以使卡盘从连接盘的台阶上分离下来。

3）两人用硬质木棒小心地抬下卡盘，应注意安全。

### 2. 安装自定心卡盘

1）用一根比主轴通孔直径稍小的硬质木棒穿在卡盘中。

2）两人将卡盘抬到连接盘端，将木棒一端插入主轴通孔内，另一端伸在卡盘外。

3）小心地将卡盘背面的台阶孔装配在连接盘的定位基面上，并用 3 个螺钉将连接盘与卡盘可靠地连接为一体。

4）检查卡盘背面与连接盘端面是否贴平、贴牢。

5）抽去硬质木棒，撤去垫板。

## 【实训评价】

| 等次<br>人员 | 优秀 | 良好 | 及格 | 不及格 |
|---|---|---|---|---|
| 教师评价 | | | | |
| 组内互评 | | | | |
| 自评 | | | | |
| 总评 | | | | |

# 第四章

# 实训项目

本章实训项目均来自企业的生产活动，可采用岗位角色扮演、引导文教学、分组协作等多重教学模式。分组应采用人员交叉、任务交叉、多重设岗等方法。

参考分组有：接单组、检验组、工艺组、加工组。

## 【项目分析】

通过本项目的实施，培养学生的工艺思维模式，巩固前面章节的知识内容，做中学是本项目的特点。

关键知识点：工序的划分；工序的逻辑顺序；工序基准的确定；刀具的选用，工序卡；产品检验；加工过程控制。

## 【项目目标】

1）通过本项目学习，掌握制订工艺的基本逻辑，包含工序划分的逻辑；工序基准的确定；制订各类工艺卡；产品加工及产品检验；衡量成本与效率。

2）通过本项目的学习，使学生能依据教师的指导，制订简单的工艺规程，能依据工艺卡的信息实现产品的加工，能依据检验规程判断产品的质量。

3）通过本项目活动，培养学生的工匠精神，团队合作意识，与人沟通能力，培养通过媒体获取知识的能力。

## 任务一　接　　单

### 【关键词】

**1. 订单**

企业采购部门向产品供应商出具的所购货物的凭证称为订单，包括成品、毛坯、数量、价格等。

**2. 图样**

在工程技术中，为了准确地表达机械、仪器、建筑物等的形状、结构和大小，根据投影原理、标准或有关规定表示工程对象并有必要的技术说明的图，称为图样。

**3. 毛坯**

已具有所要求的形体，还需要加工的制造品、半成品称为毛坯。

4. 产品数量

一定时期内生产某种物品的数量称为产品数量。

5. 工时

一小时所做正常工作量的劳动计量单位称为工时。

6. 结构合理性

好的零件结构不仅要满足使用性能，还必须具有良好的可加工性，即结构合理性，也就是说零件要能加工出来，并且具有经济性和容易加工。

## 【任务分析】

本任务是接收企业产品加工订单，接单组要认真查阅各项凭据，包括主要技术图样、毛坯图样、材料数量与价格。必要时，应有企业人员做技术讲解。

## 【知识链接】

### 一、接收产品订单

接收客户送来的产品订单是产品加工的第一步，收到订单后要仔细地分析以下内容：

1）零件技术图样。

2）产品数量与价格。

通过分析要找到下列问题的答案：

1）零件的技术结构是否合理？

2）生产车间现有的设施条件能否满足产品数量的要求？

3）产品报价我们是否能接受？

4-1　如何接收产品订单

### 二、分析零件技术图样

分析零件的技术图样，就是要确定生产车间现有的设施条件能否满足零件的技术要求。分析零件技术图样要从以下几个方面入手：

1）零件结构的合理性。

2）零件的可加工性。

3）零件的精度要求。

4）毛坯材料与几何状态。

通过分析，要回答的问题是：现有的生产条件能满足零件的技术要求？

4-2　如何分析零件技术图样

### 三、机械零件的可加工性

机械零件的可加工性是指加工的难易程度。易加工还是难加工，对产品的加工与其质量影响很大。可以从以下几个方面来分析零件的可加工性：

1）几何结构是否有不合理之处。

2）零件材质的硬度是否合适。

4-3　机械零件的可加工性

3）零件的尺寸和几何精度是否要求太高。

4）零件的材质是否容易产生加工变形。

通过分析，你要对该零件的加工难易程度做到心中有数。如果加工有很大困难，应当采取特殊的工艺手段；如果无法控制，则应当放弃本订单。

## 四、各种加工手段所能达到的技术精度

4-4　各种加工手段所能达到的技术精度

当把产品交付给客户时，客户是按零件图样中的尺寸精度与几何精度来验收的。如果我们无法达到客户的要求，就意味着必须付出代价，所以在接单后必须认真分析图样中的各种精度要求，在确认能满足客户要求后，才能与客户签订合同。常规数控加工方法所能达到的技术精度见表 4-1。

**表 4-1　数控加工方法能够达到的技术精度**

| 加工方式 | | 经济精度（公差等级） | 高精度（公差等级） | 经济表面粗糙度值 $Ra/\mu m$ | 高表面粗糙度值 $Ra/\mu m$ |
|---|---|---|---|---|---|
| 数控车 | | IT8～IT7 | IT6 | 3.2 | 1.6 |
| 数控铣 | | IT8～IT7 | IT6 | 3.2 | 1.6 |
| 数控磨 | 外圆磨 | IT6～IT5 | IT4 | 0.8 | 0.4 |
| | 内圆磨 | IT7～IT6 | IT5 | 1.6 | 0.8 |
| | 无心磨 | IT5～IT4 | IT3 | 0.8 | 0.2 |
| | 平面磨 | IT6～IT5 | IT4 | 0.8 | 0.4 |
| 钻孔 | | IT11～IT9 | IT7 | 6.3 | 3.2 |
| 铰孔 | | IT8～IT7 | IT6 | 1.6 | 0.8 |
| 攻螺纹 | | IT8～IT7 | IT6 | 3.2 | 1.6 |

### 【任务实施】

## 一、接收客户订单、技术资料

由接单组接收客户订单，包含产品技术图样、毛坯技术图样、批量及报价。教学组织者要创造和设计真实情境，师生共同参与接单工作。

本任务虚拟订单如下：

1. **产品技术图样**（图 4-1）

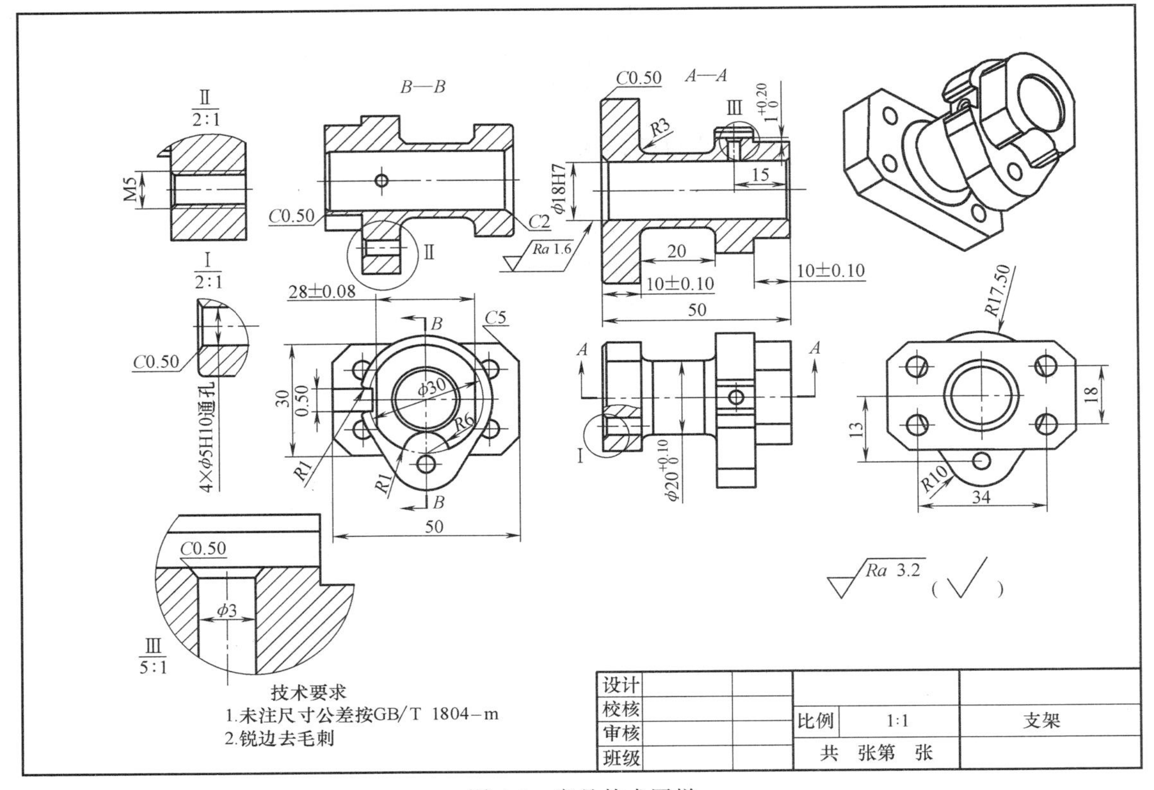


图 4-1　产品技术图样

4-5a　产品技术图样电子档下载

4-5b　产品技术图样数模下载

2. **毛坯技术图样**

毛坯为直径 60mm、长 65mm 的圆棒料。

3. **批量与报价**

本产品数量为 20 件，价格为 100 元/件。

## 二、与客户交流

接单组在确认订单的过程中或最终确认订单后，即可与客户沟通交流，交流的内容主要为：产品结构的合理性，可加工性及批量与价格。

## 三、签订合同

在对技术经济性做充分分析后，如果确认可以接受订单，即可与客户签订加工合同。签订合同要在真实情境下进行。

## 数控高速加工

你听说过数控高速加工吗？顾名思义，高速加工就是在很高的切削速度和进给速度下进行切削加工，因其能大幅度地提高加工效率和加工质量，而成为数控领域的明星。

**1. 高速加工的理论背景**

高速加工在切削原理上是对传统切削认识的突破。当切削速度超过600m/min后，切削速度再增高，切削温度反而降低，在切削过程中产生的热量被工件带走，同时实际切削力会近似保持不变。在这样的理论背景下，被加工材料的变形会比传统切削加工小得多，这对航空领域有着十分重要的意义。对此，机床厂家纷纷瞄准高速加工领域。

**2. 高速加工的关键技术**

高速机床是实现高速切削加工的前提和关键。具有高精度的高转速主轴，具有控制精度高的轴向进给速度和进给加速度的轴向进给系统，是高速机床的关键所在。

（1）高速主轴　目前加工中心的高速主轴转速为10000~50000r/min比较常见，转速超过50000r/min的高速主轴也正在研制开发中。高速主轴转速极高，主轴零件在离心力作用下会产生振动和变形，高速运转产生的摩擦和大功率内装电动机产生的热会引起高温和变形，为此对高速主轴提出如下性能要求：

1）转速在10000r/min以上。

2）足够的刚性和较高的回转精度。

3）良好的热稳定性。

4）大功率。

5）先进的润滑和冷却系统。

6）可靠的主轴监测系统。

4-6　数控高速加工视频

（2）快速进给系统　高速切削时随着主轴转速的提高，进给速度也必须大幅度提高。目前高速切削进给速度已高达50m/min，要实现并准确控制这样的进给速度，对机床导轨、滚珠丝杠、伺服系统、工作台结构等提出了新的要求。而且由于机床上直线运动行程一般较短，高速加工机床必须实现较高的进给加减速才有意义。为了适应进给运动高速化的要求，在高速加工数控机床上主要采用如下措施：

1）采用新型直线滚动导轨。

2）高速进给机构采用小螺距、大尺寸、高质量滚珠丝杠或粗螺距、多头滚珠丝杠。

3）高速进给伺服系统已发展为数字化、智能化和软件化，高速切削机床已开始采用全数字交流伺服电动机和控制技术。

4）为了尽量减少工作台重量但又不损失刚度，高速进给机构通常采用碳纤维增强复合材料。

（3）高速切削刀具技术

1）高速切削刀具材料：常用的刀具材料有单涂层或多涂层硬质合金、陶瓷、立方氮化硼、聚晶金刚石等。

2）高速切削刀具结构：高速切削刀具除了满足静平衡要求外，还必须满足动平衡要求。

3）高速切削刀具几何参数：切削刃的形状正向着高刚性、复合化、多刃化和表面超精加工方向发展。

4）高速切削刀柄系统：为提高刀具与机床主轴的连接刚性和装夹精度，适应高速切削加工技术发展的需要，相继开发了刀柄与主轴内孔锥面和端面同时贴紧的两面定位刀柄。两面定位刀柄主要有德国开发的 HSK、美国开发的 KM 和日本开发的 NC5 等几种形式。

（4）高速切削工艺　高速切削具有加工效率高、加工精度高、单件加工成本低等优点。在高速加工中，高转速、中切深、快进给、多行程更为有利，但尚没有完整的加工参数表可供选择，CimatronE、UG 等 CAM 软件，都已添加了适合于高速切削的编程模块。

## 【任务评价】

任务完成后，填写表 4-2。

**表 4-2　接单任务评价表**

| 任务评价表 | | | | | | | |
|---|---|---|---|---|---|---|---|
| 任务 | | | | | | | |
| 学生姓名： | | 班级： | | 组别： | | | |
| 组长： | | 组员： | | | | | |
| 评价内容 | | 评价标准 | 自评 | 组评 | 师评 | 小计 | 备注 |
| 能力 | 合作与沟通 | 10 | | | | | |
| | 思考与解决 | 10 | | | | | |
| | 工艺逻辑 | 10 | | | | | |
| | 获取知识 | 5 | | | | | |
| | 组织与协调 | 5 | | | | | |
| 知识 | 结构分析 | 10 | | | | | |
| | 可加工性分析 | 10 | | | | | |
| | 精度分析 | 10 | | | | | |
| | 毛坯与材料 | 5 | | | | | |
| | 工时与成本 | 5 | | | | | |
| 素养 | 工作与热情 | 5 | | | | | |
| | 组织与纪律 | 5 | | | | | |
| | 责任与态度 | 5 | | | | | |
| | 耐心与细致 | 5 | | | | | |
| 小计 | | 100 | | | | | |
| 总分： | | 总分 = 自评×25%+组评×25%+师评×50% | | | | | |
| 教师签字： | | | 学生签字： | | | | |

## 【课后练习】

1. 解释名词术语

（1）订单

（2）图样
（3）毛坯
（4）零件结构合理性
2. 常规精度包含哪几个方面？
3. 列举常规切削手段所能达到的技术精度。
4. 你应从哪几个方面来分析零件的可加工性？
5. 你应从哪几个方面来分析零件的技术图样？
6. 签订合同时应注意哪些问题？

## 任务二　工艺分析

### 【关键词】

**1. 工艺**

工艺是指劳动者利用各类生产工具对各种原材料、半成品进行加工或处理，最终使之成为成品的方法与过程。

**2. 工艺流程**

工艺流程是指在生产过程中，劳动者利用生产工具将各种原材料、半成品通过一定的设备、按照一定的顺序连续进行加工，最终使之成为成品的方法与过程。

**3. 工序**

一个工人或一组工人，在一个工作地对一个或同时对几个工件所连续完成的那一部分工艺过程称为工序。划分工序的依据是工作地是否变化和工作是否连续，即要完成某个工艺过程要分成几步做，每个步骤就是一道工序。

### 【任务分析】

该任务是在签订合同后，对产品技术资料进行详尽分析，从而规划整个加工工艺。从知识点方面看，本任务是重点，所包含知识内容丰富且重要。分组讨论学习是授课的主要方式，工艺小组是本任务的核心角色。本任务将带领学生从宏观工序规划入手，再到微观参数设计，快速地掌握工艺规划设计的基本知识。引导文教学是整个任务的主要教学方法。

### 【知识链接】

### 一、思维导图

当进行工艺流程设计时，会产生大量的信息，包括文字、图表、数据等，如果不对这些信息进行有序整理，将阻碍其应用，大大降低工作效率。要方便、快捷地使用这些信息，必须掌握一定的方法和技巧。

关于整理信息的方法有很多，比较有效的方法是使用软件，如思维导图类的软件，如ProcessOn、MindManager、MindMapper、iMindMap、XMind、FreeMind、MindMaster、Nova-

Mind、Mindomo 及 Mindjet Maps；手机 App 思维导图也有很多，像 Mindomo、XMind、Mind-Master、思维简图等。

更简单的方法就是在纸上模仿思维导图软件的方法，手绘思维导图，图 4-2 所示为一张手绘思维导图。

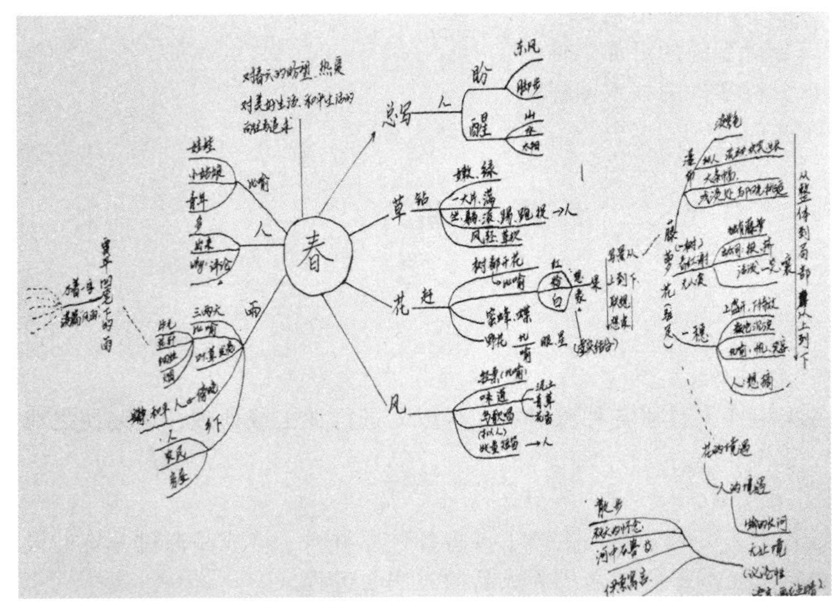


图 4-2　手绘思维导图

4-7　认识思维导图

## 二、规划工艺的逻辑思维

一张图样摆在你面前时，应该如何规划其加工工艺？

第一步，定工序。

图 4-3 所示为工艺流程层次图，从图中可以清楚地看到，流程的最顶端是工序，也就是说，每个流程是由若干个工序组成的。划分工序先看工件是否需要不同类型的机床来完成加工，如需要车和铣，那就要两个工序。在每种机床上，如果还需要多次装夹，那么每次装夹都是一个工序。加工图 4-1 所示零件需要几道工序可参考图 4-4。

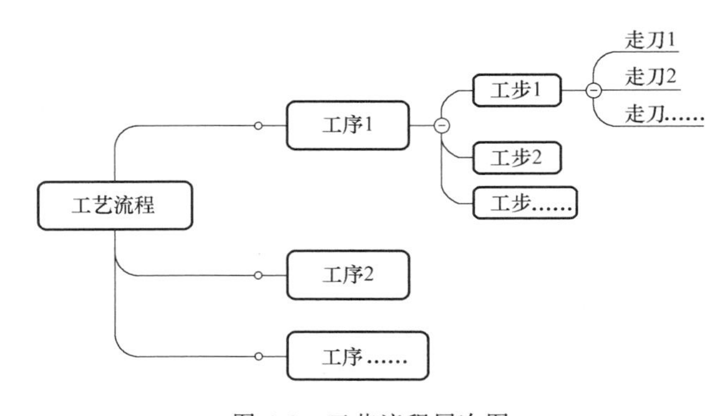


图 4-3　工艺流程层次图

确定工序的逻辑是：改变机床就会增加工序，改变定位就会增加工序。

第二步，定工步。

在图 4-4 中，工序 1 的加工内容有三项，这三项内容构成了很多工步。工步的内容非常丰富，且变化多端，难有定数，往往因设计者而异。

确定工步的逻辑是：开始制订工步时，可以粗略一些，按加工轮廓确定工步，然后再详细制订，按着走刀顺序，换一把刀具就增加一个工步。图 4-4 所示参考工序 1 先按加工轮廓粗略定为三个工步，然后再详细制订（这一步可以在填写工艺图表时进行）。图 4-5 所示为参考工步。

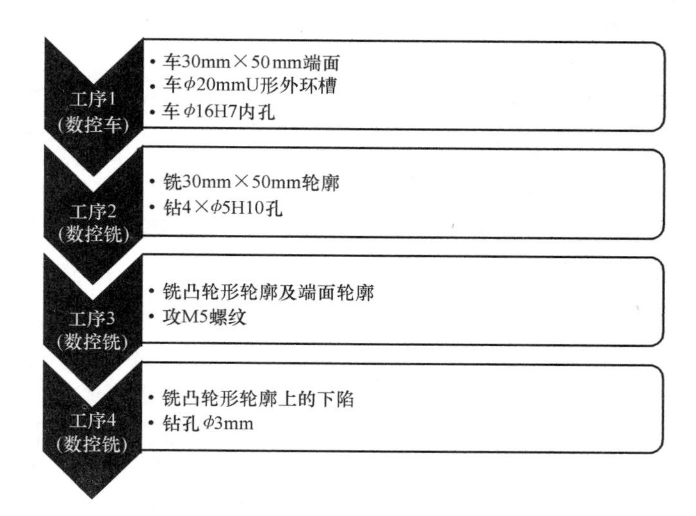


图 4-4　参考工序

- 工步1　平30mm×50mm所在端面
- 工步2　车 φ55mm过渡外圆，长度≥55mm
- 工步3　粗车U形槽
- 工步4　精车U形槽
- 工步5　钻 φ14mm孔(粗加工 φ16H7孔)
- 工步6　镗孔φ16H7及其孔端 C2倒角
- 工步7　切断，长度51mm

图 4-5　参考工步

第三步，定走刀。

走刀是最底层的流程，数控加工通常都是分层加工的，每一层就是一次走刀。常规的工艺文件中只有工序流程和工步流程，走刀流程都是在具体的刀路中体现，不写在工艺文件中，因此这个环节留给编程人员来完成。

## 三、工艺制订的知识点

### 1. 安装

在一道工序中，工件每经过一次装夹定位后所完成的那部分工序内容称为安装。改变了安装内容，就改变了工序。在企业中，通常将安装称为装夹定位。

### 2. 工步

工步指在加工表面和切削刀具不变的情况下所连续完成的那部分工序内容。在一个工序中，改变加工轮廓、更换刀具都是改变工步。

### 3. 走刀

同一加工表面加工余量较大，可以分几次切削，每次切削进给所完成的那部分工序内容称为走刀。通常在加工余量较大时采用层切的方式进行粗加工，每层就可理解为“一刀”。

4. 基准

确定零件上某一点、线、面的位置时，所依据的那些点、线、面称为基准。

基准的分类如图 4-6 所示。

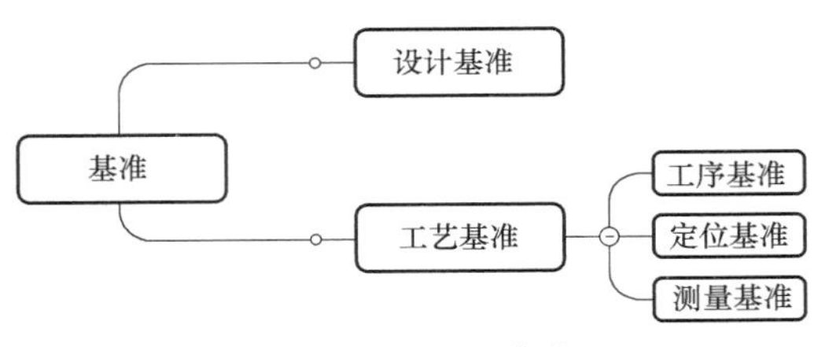

图 4-6 基准的分类

（1）设计基准 图样上的基准。在图 4-7 中，*A* 面是 *B* 面和 *D* 面的设计基准；*D* 面是 *C* 面的设计基准。

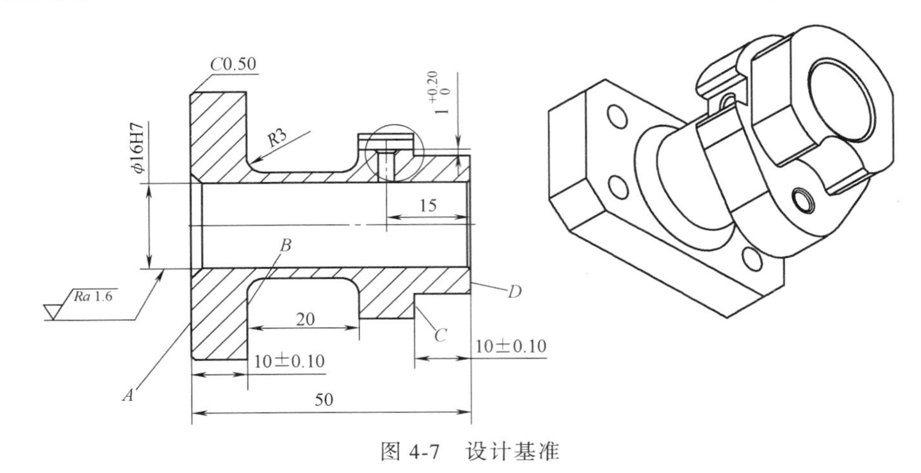

图 4-7 设计基准

（2）工艺基准 在工件加工过程中所指定的基准点、基准线、基准面。

1）工序基准：在某工序上用以标定该工序被加工表面的基准。在图 4-8 中，端面 *A*、U

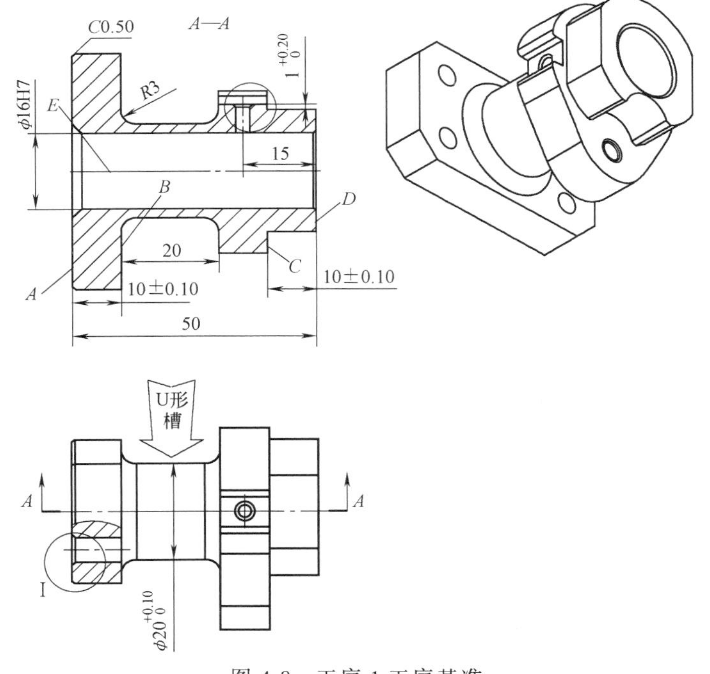

图 4-8 工序 1 工序基准

形槽和 $\phi$16H7 孔是工序 1 要加工的轮廓，端面 *A* 和 $\phi$16H7 孔的中心线 *E* 是工序 1 的工序基准。在图 4-9 中，工序 2 的主要加工轮廓是铣削 30mm×50mm 底座及上面的四个 $\phi$5H10 通孔，端面 *A* 和 $\phi$16H7 孔的中心线 E 是工序 2 的工序基准，即工序 1 和工序 2 是一个工序基准，该基准也是工序 3 的工序基准。

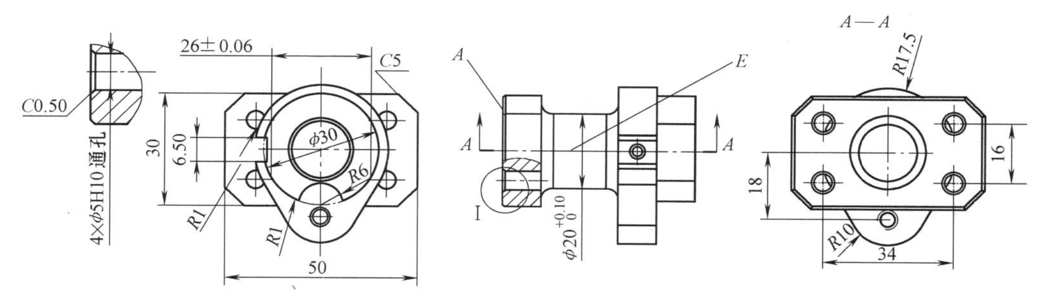


图 4-9 工序 2 工序基准

2）定位基准：用于工件定位的基准。在图 4-8 中，本工序是数控车加工，卡盘夹持的是 *D* 端，卡盘旋转中心与 $\phi$16H7 孔中心重合，用来定位 X 方向的轮廓；Z 方向的定位是用 *A* 端面还是用 *D* 端面？其实哪端都可以，只要毛坯长度尺寸稳定就可以。

3）测量基准：用于测量工件的形状、位置和尺寸误差所采用的基准。在图 4-10 中，*D* 面是测量（10±0. 10）mm 高度的测量基准。

**5. 定位基准的分类**

1）粗基准：用未经加工的毛坯表面做定位基准。最初的工序通常都是用粗基准做定位，本工序 1 中的 *D* 端面就是工序 1 的夹持面，是粗基准。

2）精基准：用加工过的表面做定位基准。本工序 2 中的 *A* 面就是精基准。

3）辅助基准：为了便于装夹，有时在工件上特意做出的临时定位表面。图 4-5 中的工步 2 是车削 $\phi$55mm 的过渡外圆，这个外圆表面是工序 2 的辅助定位基准。在真实的加工情境中，经常出现辅助基准。

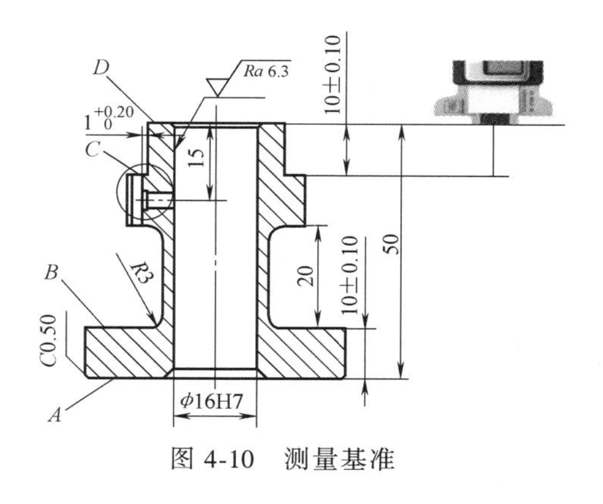


图 4-10 测量基准

**6. 粗基准的选择**

在必须要保证工件上待加工表面与不加工表面装夹的位置要求时，应以不加工表面作为粗基准。在图 4-8 中，$\phi$16H7 内孔要与毛坯的外圆同轴，以保证加工余量均匀一致，因此工序 1 的定位基准选择毛坯外圆表面做粗基准。

粗基准表面应尽量平整，以便定位可靠。粗基准一般只能使用一次，不能重复使用。

**7. 精基准的选择**

（1）基准重合原则 精基准尽量与设计基准重合。如图 4-8 中的 *A* 面既是设计基准又是定位基准和工序基准。

（2）基准统一原则 如果某工序的精基准可以较为方便地加工其他各表面时，应尽可能在其他工序中采用，实现基准统一，避免基准转换误差。如图 4-8 中的 *A* 面既是工序 1 的基准，又是工序 2 的基准，也是工序 3 的基准。

（3）基准现行原则　后道工序的精基准一定要在前面工序中完成加工。

## 四、合理划分工序流程

当拿到图样后，先看零件轮廓的属性，区分哪些是车床能做的、哪些是铣床能做的、哪些是磨床能做的等，把它先划分出来。以图 4-11 为例，U 形槽只能车削，内孔也尽量用车削，这两个工步可以合并为一个工序。其他轮廓只能用铣削加工。加工长方形轮廓时无法加工 U 形槽右侧的轮廓，因为有轮廓遮蔽障碍，因此长方形轮廓只能独立成为一道工序。凸轮形轮廓和异形轮廓可以合并为一道工序。下陷轮廓由于位置的特殊性也必须独立成为一道工序。这样，该工件宏观上就划分为 4 道工序。

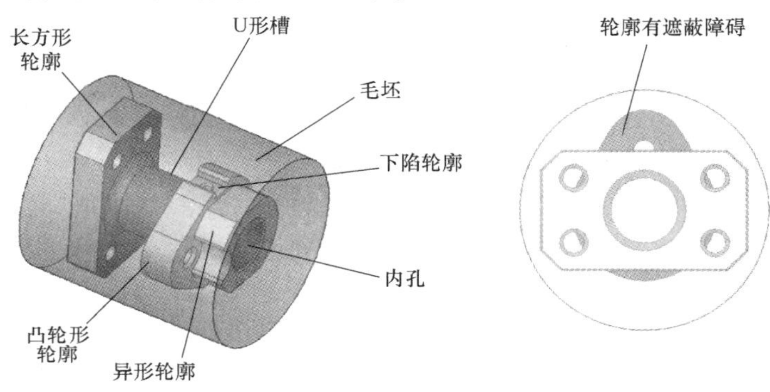


图 4-11　工序划分

**想一想**

为何要把车削作为第一道工序？

划分好工序后，就要确定各个工序的定位基准，再确定每道工序的工步，详细说明如图 4-12 所示。

- 工步1 平30mm×50mm所在端面：平*A*端面，作为本工序基准和后续工序基准，体现“基准现行原则”
- 工步2 车$\phi$55mm 过渡外圆，长度≥55mm：辅助基准，作为本工序程序基准，同时也为后道工序做定位基准
- 工步3 粗车U形槽：先加工U槽（后加工$\phi$16H7孔，以免对该孔产生变形影响）
- 工步4 精车U形槽
- 工步5 钻$\phi$14mm孔(粗加工$\phi$16H7孔)：先钻底孔，为镗孔做空间准备
- 工步6 镗孔$\phi$16H7及其孔端*C*2 倒角
- 工步7 切断，长度51mm：最后切断，完成本工序

图 4-12　工步详解

4-8　如何合理制订工艺流程

## 五、确定装夹方案

确定装夹方案就是选择工件如何定位和夹紧。

### 1. 车床装夹

由于工件轮廓没有特殊性，本任务工序 1 的装夹直接用机床自带的自定心卡盘来完成，如图 4-13 所示。

对于特殊形状的工件，可制作过渡胎具夹持在自定心卡盘上，然后将工件定位在胎具上，如图 4-14 所示。

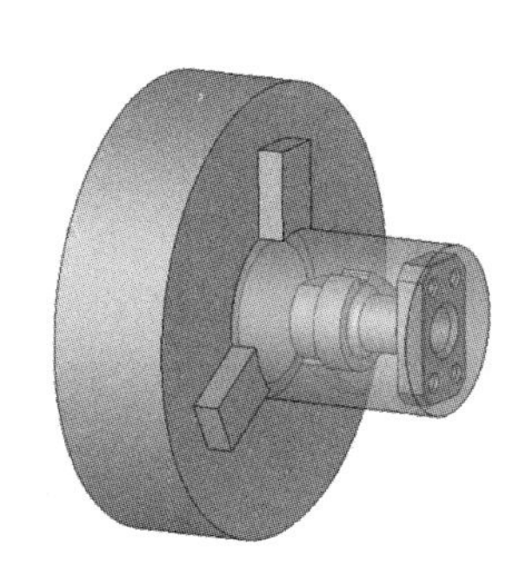

图 4-13　工序 1 装夹方案

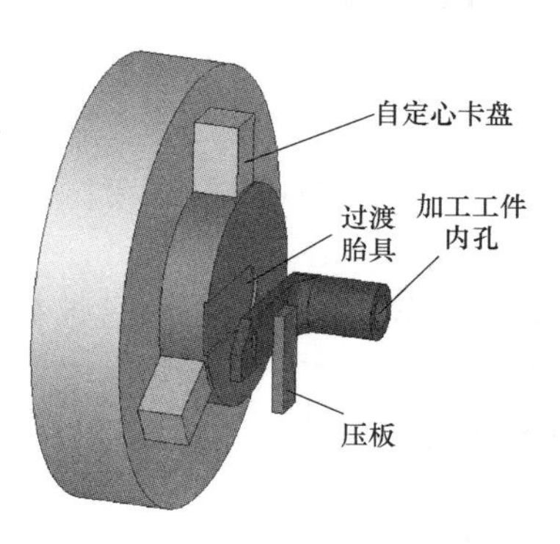


图 4-14　自定心卡盘过渡胎具

### 2. 铣床装夹

（1）机用虎钳直接装夹　利用平行钳口直接夹持工件是最常见的方法，这时要用垫铁、挡块做限位，如本任务中的工序 3，如图 4-15 所示。

（2）自定心卡盘直接装夹　用自定心卡盘直接夹持圆柱面定位，如本任务中的工序 2，如图 4-16 所示。

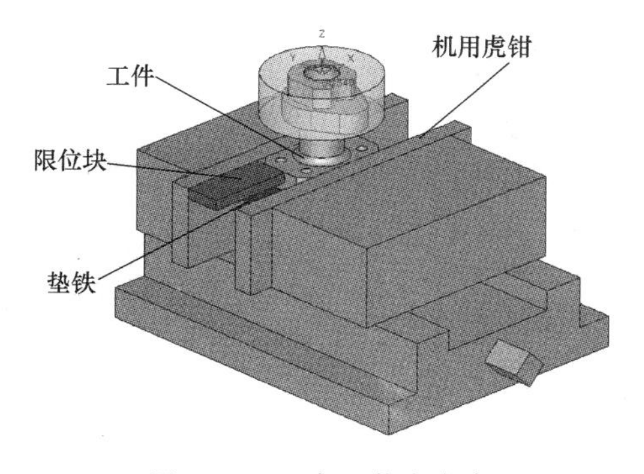


图 4-15　工序 3 装夹方案

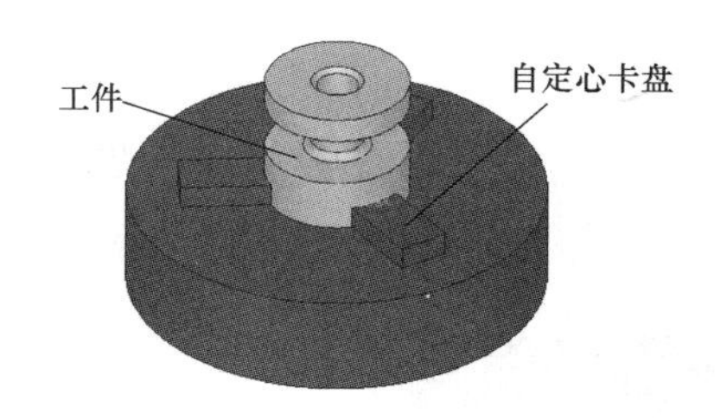


图 4-16　工序 2 装夹方案

（3）机用虎钳软钳口胎具装夹　将机用虎钳硬钳口换成软钳口，并在软钳口上制作随形胎具。本任务中工序 4 就可以采用这样的定位，如图 4-17 所示。当然工序 4 不只有这一种定位方案，也可以选择其他方案。

（4）机用虎钳口夹持胎具装夹　在机用虎钳口上夹持一块胎具板，将工件定位在胎具板上进行定位，这也是常用的一种方法，如图 4-18 所示。

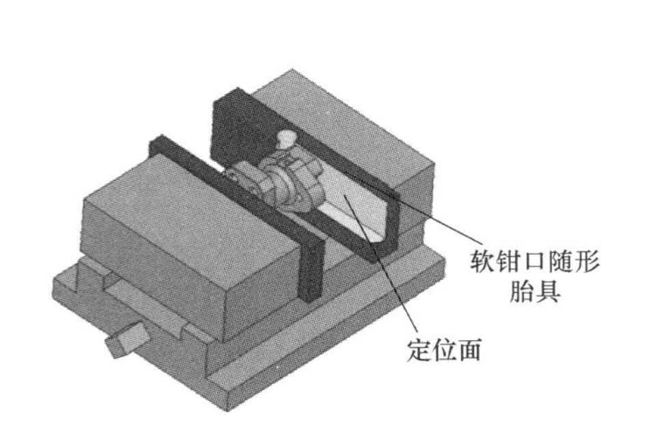


图 4-17　机用虎钳软钳口随形胎具定位

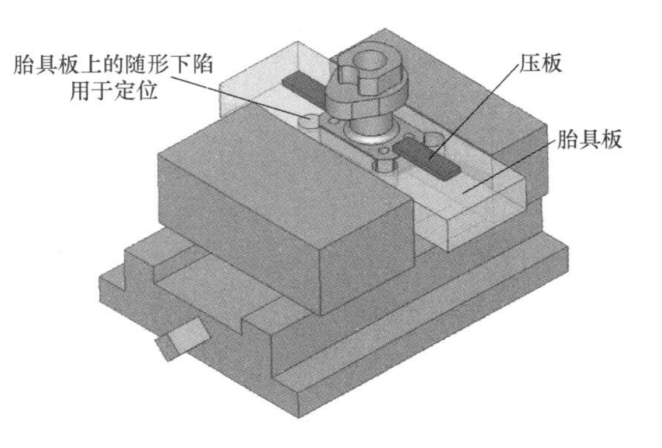


图 4-18　机用虎钳口夹持胎具装夹

（5）在工作台面上安装胎具板装夹　对于大型工件，机用虎钳、卡盘都无法满足尺寸上的要求，因此可以在机床工作台上安装一大块胎具板，在胎具板上做随形胎来装夹工件，如图 4-19 所示。

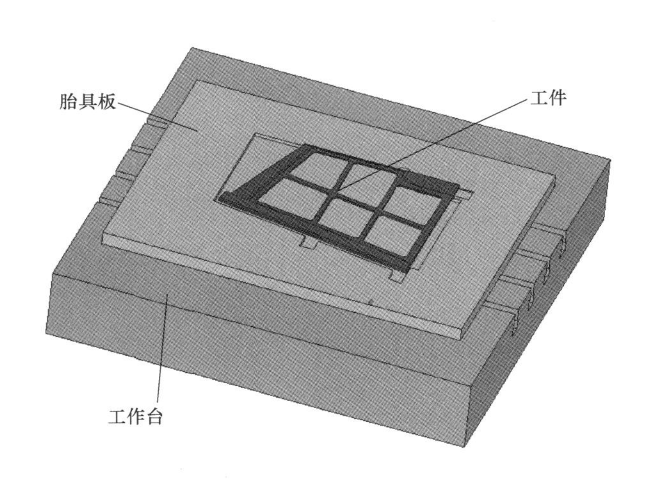


图 4-19　在工作台面上安装胎具板装夹

4-9　合理选用夹具

【任务实施】

## 一、工件结构合理性分析

指导教师应在本任务前引领学生学习相关的知识，以引导文形式为主，课堂讲授为辅。以工艺组为核心进行图样的合理性分析，最终得出结论。如果有结构不合理之处，应组织全班讨论，或与客户沟通。如果结论是结构合理，就转入下面的工作。工艺组长做好工作记录。

## 二、工艺可行性分析

指导教师应在本任务前引领学生学习相关的知识，以引导文形式为主，课堂讲授为辅。以工艺组为核心进行图样的工艺可行性分析，最终得出结论。如果有无法加工之处，应组织全班讨论，或与客户沟通。如果结论是可行，就转入下面的工作。工艺组长做好记录。

## 三、工艺流程的制订

指导教师应在本任务前引领学生学习相关的知识，以引导文形式为主，课堂讲授为辅。以工艺组为核心进行工艺流程的制订。先制订工序，再制订工步。组长做好记录，教师引领学生做工艺流程，最后制订出合理的工艺流程。流程资料作为填写工艺卡的重要依据。

### 车铣复合数控机床

在制订工艺文件时会发现，加工一个相对复杂的零件需要多个工序，多次定位，工艺麻烦且零件精度很难保证。随着科技的进步，复合型机床脱颖而出，最具代表性的是车铣复合数控机床，它把车床和铣床融合在一起，在智能刀库和夹具的配合下，大大减少了重复装夹、定位的次数，极大地提高了生产率和零件加工质量。

简单地讲，车铣复合数控机床就是在数控车床的基础上增加了一台小型加工中心，使数控车床增加了铣削功能。可以给数控车床增加多个铣削动力头，使工序集成，以提高加工精度，节约加工时间。

车铣复合数控机床的特点如下：

4-10 车铣复合机床

1）功能强大：集合了车铣和铣削的所有功能，能完成复杂的轮廓加工。

2）高精度：避免了工序分散的人为误差和机床误差，产品质量大大提升。

3）高效率：自动化程度相当高，有效减少了生产准备时间，提高了机床使用率。

4）低成本：多工序依次完成，减少了机床数量和装夹次数，从而更易于规划生产，节省了投资成本和车间面积。

【任务评价】

任务完成后，填写表 4-3。

表 4-3　工艺分析任务评价表

<table>
<tr><td colspan="8">任务评价表</td></tr>
<tr><td colspan="2">任务</td><td colspan="6"></td></tr>
<tr><td colspan="2">学生姓名：</td><td colspan="2">班级：</td><td colspan="4">组别：</td></tr>
<tr><td colspan="2">组长：</td><td colspan="6">组员：</td></tr>
<tr><td colspan="2">评价内容</td><td>评价标准</td><td>自评</td><td>组评</td><td>师评</td><td>小计</td><td>备注</td></tr>
<tr><td rowspan="5">能力</td><td>分析结构</td><td>10</td><td></td><td></td><td></td><td></td><td></td></tr>
<tr><td>分析工艺性</td><td>10</td><td></td><td></td><td></td><td></td><td></td></tr>
<tr><td>工艺逻辑</td><td>10</td><td></td><td></td><td></td><td></td><td></td></tr>
<tr><td>获取知识</td><td>5</td><td></td><td></td><td></td><td></td><td></td></tr>
<tr><td>组织与协调</td><td>5</td><td></td><td></td><td></td><td></td><td></td></tr>
<tr><td rowspan="5">知识</td><td>结构分析</td><td>10</td><td></td><td></td><td></td><td></td><td></td></tr>
<tr><td>可加工性分析</td><td>10</td><td></td><td></td><td></td><td></td><td></td></tr>
<tr><td>精度分析</td><td>10</td><td></td><td></td><td></td><td></td><td></td></tr>
<tr><td>流程制订</td><td>5</td><td></td><td></td><td></td><td></td><td></td></tr>
<tr><td>装夹与定位</td><td>5</td><td></td><td></td><td></td><td></td><td></td></tr>
<tr><td rowspan="4">素养</td><td>工作与热情</td><td>5</td><td></td><td></td><td></td><td></td><td></td></tr>
<tr><td>组织与纪律</td><td>5</td><td></td><td></td><td></td><td></td><td></td></tr>
<tr><td>责任与态度</td><td>5</td><td></td><td></td><td></td><td></td><td></td></tr>
<tr><td>耐心与细致</td><td>5</td><td></td><td></td><td></td><td></td><td></td></tr>
<tr><td colspan="2">小计</td><td>100</td><td></td><td></td><td></td><td></td><td></td></tr>
<tr><td colspan="2">总分：</td><td colspan="6">总分＝自评×25%＋组评×25%＋师评×50%</td></tr>
<tr><td colspan="3">教师签字：</td><td colspan="5">学生签字：</td></tr>
</table>

## 【课后练习】

**1. 解释名词术语**

（1）工序基准

（2）定位基准

（3）测量基准

（4）设计基准

（5）粗基准

（6）精基准

（7）辅助基准

**2. 问答题**

（1）确定精基准应遵循什么原则？

（2）基准是如何分类的？

（3）定位基准有哪三种？

（4）划分工艺流程的逻辑是什么？

（5）规划图 4-20 所示工艺流程。

3. 思考题

（1）在图 4-4 中，为何把车削安排为工序 1？

（2）在图 4-5 中，工步 2 中的 $\phi$55mm 外圆起到什么作用？

（3）在图 4-8 中，如果用 *A* 端定位，该如何做？

（4）在图 4-8 中，如果用 *D* 端定位，该如何做？

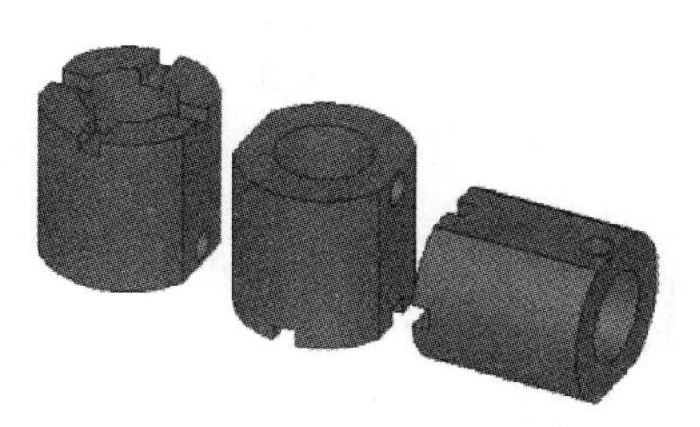

图 4-20　工艺流程练习题

# 任务三　编制工艺文件

## 【关键词】

1. 工艺文件

加工工艺、检验规则、包装运输、安全生产等一系列指导性生产文件称为工艺文件。

2. 工艺过程卡

用于说明零件的整个工艺过程中各工序如何进行的工艺文件称为工艺过程卡，可以理解为工序集成卡，用来指导生产。

3. 工序卡

工序卡用于说明某个具体工序是如何进行的，它由若干个工步构成。

4. 检验卡

检验卡是用于说明零件的整个加工过程中应如何进行质量检验的工艺文件，用来指导生产。检验卡有时包含在工序卡中，不单独建立。

## 【任务分析】

本任务是依据任务二的资料，填写工艺卡和检验卡。

分组讨论学习是授课的主要方式，工艺小组是本任务的核心角色。

## 【知识链接】

### 一、工艺过程卡（工序总卡）

对于工艺过程卡，国家没有统一的规范格式，各企业都是自行制订的。图 4-21 所示某企业的工艺过程卡，供参考使用，其格式来自 CAXA 工艺图表软件。

### 二、工序卡

对于工序卡，国家没有统一的规范格式，各企业也是自行制订。图 4-22 所示为某企业的工序卡，供参考使用，其格式来自 CAXA 工艺图表软件。

### 三、检验卡

对于检验卡，国家没有统一的规范格式，各企业都是自行制订。图 4-23 和图 4-24 所示为某企业的检验卡和检验记录卡，供参考使用，其格式来自 CAXA 工艺图表软件。

| | 机械加工工艺过程卡 | | 产品型号 | | 零件图号 | | | 总 1 页 | | 第 1 页 | |
|---|---|---|---|---|---|---|---|---|---|---|---|
| | | | 产品名称 | | 零件名称 | | | 共 1 页 | | 第 1 页 | |
| 材料牌号 | | 毛坯种类 | | 毛坯外形尺寸 | | 每毛坯可制件数 | | 每台件数 | | 备注 | |
| 工序号 | 工序名称 | 工序内容 | | 车间 | 工段 | 设备 | 工艺装备 | | | 工时 | |
| | | | | | | | | | | 准终 | 单件 |
| | | | | | | | | | | | |
| | | | | | | | | | | | |
| | | | | | | | | | | | |
| | | | | | | | | | | | |
| | | | | | | | | | | | |
| | | | | | | | | | | | |
| | | | | | | | | | | | |
| | | | | | | | | | | | |
| | | | | | | | | | | | |
| | | | | | | | | | | | |
| | | | | | | | | | | | |
| | | | | | | | | | | | |
| | | | | | | | | | | | |
| | | | | | | | | | | | |
| | | | | | | | | | | | |
| | | | | | | | | | | | |
| | | | | | | | | | | | |
| | | | | | | | | | | | |

图 4-21 工艺过程卡

| | 机械加工工序卡 | | 产品型号 | | 零件图号 | | 总 1 页 | 第 1 页 | |
|---|---|---|---|---|---|---|---|---|---|
| | | | 产品名称 | | 零件名称 | | 共 1 页 | 第 1 页 | |
| 工序图样： | | | | | 车间 | 工序号 | 工序名称 | 材料牌号 | |
| | | | | | | | | | |
| | | | | | 毛坯种类 | 毛坯外形尺寸 | | 每台件数 | |
| | | | | | | | | | |
| | | | | | 设备名称 | 设备型号 | 设备编号 | 同时加工件数 | |
| | | | | | | | | | |
| | | | | | 夹具编号 | | 夹具名称 | 切削液 | |
| | | | | | | | | | |
| | | | | | 工位器具编号 | | 工位器具名称 | 工序工时 | |
| | | | | | | | | 准终 | 单件 |
| | | | | | | | | | |
| 工步号 | 工步内容 | 工艺设备 | 主轴转速/(r/min) | 切削速度/(m/min) | 进给量/(mm/r) | 切削深度/mm | 进给次数 | 工步工时 | |
| | | | | | | | | 机动 | 辅助 |
| | | | | | | | | | |
| | | | | | | | | | |
| | | | | | | | | | |
| | | | | | | | | | |
| | | | | | | | | | |
| | | | | | | | | | |
| | | | | | | | | | |
| | | | | | | | | | |
| | | | | | | | | | |

图 4-22 工序卡

| | 检验卡 | | 产品型号 | | 零件图号 | | 总 1 页 | 第 1 页 |
|---|---|---|---|---|---|---|---|---|
| | | | 产品名称 | | 零件名称 | | 共 1 页 | 第 1 页 |

| 工序号 | 工序名称 | 车间 | 检验项目 | 技术要求 | 检验手段 | 检验方案 | 检验操作要求 |
|---|---|---|---|---|---|---|---|
| | | | | | | | |
| | | | | | | | |
| | | | | | | | |
| | | | | | | | |
| | | | | | | | |
| | | | | | | | |
| | | | | | | | |
| | | | | | | | |
| | | | | | | | |
| | | | | | | | |
| | | | | | | | |
| | | | | | | | |
| | | | | | | | |
| | | | | | | | |
| | | | | | | | |
| | | | | | | | |
| | | | | | | | |
| | | | | | | | |
| | | | | | | | |
| | | | | | | | |

图 4-23　检验卡

| 产品检验记录 | | | | | | | | | | | |
|---|---|---|---|---|---|---|---|---|---|---|---|
| 工序 | | 产品名称 | | | 图号 | | | 共　页 | | 第　页 | |
| 零件编号 | 1 | 2 | 3 | 4 | 5 | 6 | 7 | 8 | 9 | 10 | 备注 |
| 检验内容 | 检验记录 | | | | | | | | | | |
| | | | | | | | | | | | |
| | | | | | | | | | | | |
| | | | | | | | | | | | |
| | | | | | | | | | | | |
| | | | | | | | | | | | |
| | | | | | | | | | | | |
| | | | | | | | | | | | |
| | | | | | | | | | | | |
| | | | | | | | | | | | |
| | | | | | | | | | | | |
| | | | | | | | | | | | |
| | | | | | | | | | | | |
| | | | | | | | | | | | |
| | | | | | | | | | | | |
| | | | | | | | | | | | |
| | | | | | | | | | | | |
| | | | | | | | | | | | |
| 操作者 | | | | | | | | | | | |
| 检验员 | | | | | | | | | | | |
| 质量鉴定 | | | | | | | | | | | |

图 4-24　检验记录卡

### 四、工艺过程卡与工序卡、检验卡的逻辑关系

工艺过程卡是流程卡，它展现的是各个工序的流动顺序，没有具体的加工参数。而工序卡展现的是工艺过程卡中某一具体工序分支的详尽内容，指出了该工序具体的工步内容，有着较为详细的加工参数，逻辑上二者是父子关系。检验卡是工序卡的附表，与工序卡是同级关系，用来检验该工序的质量。

## 【任务实施】

### 一、分组

将学生按工序数量分组，如本工艺共 4 道工序，加上检验工序，可分为 5 组，核心是工艺组和检验组。

### 二、填写工艺卡片

1）首先以工艺组为核心，填写工艺过程卡。
2）再依据工艺过程卡填写工序卡。
3）最后以检验组为核心填写检验卡。

### 三、整理文件并上交

由工艺组整理工艺文件，上交指导教师。

## 【知识拓展】

### CAXA 工艺图表软件简介

CAXA 工艺图表是高效快捷的工艺卡片编制软件，它可以方便地引用设计的图形和数据，同时为生产制造提供各种需要的管理信息。它提供了大量的工艺卡片模板和工艺规程模板，可以帮助技术人员提高工作效率，缩短产品的设计和生产周期，把技术人员从繁重的手工劳动中解脱出来，有助于促进产品设计和生产的标准化、系列化、通用化，使得设计和生产规范化。

CAXA 工艺图表以工艺规程为基础，针对工艺编制工作烦琐复杂的特点，以“知识重用和知识再用”为指导思想，提供了多种实用方便的快速填写和绘图手段，可以兼容多种 CAD 数据，是真正的“所见即所得”的操作方式，符合工艺人员的工作思维和操作习惯。

基于 CAXA 工艺图表软件，工艺过程卡的内容可自动填写到相应的工序卡中；卡片上关联的单元格如刀具编号和刀具名称可自动关联；自动生成工序号可自动识别用户的各个工序记录，并按给定格式编号；利用公共信息的填写功能，可一次完成所有卡片公共项目的填写。

## 【任务评价】

任务完成后，填写表 4-4。

表 4-4　编制工艺文件任务评价表

<table>
<tr><td colspan="8">任务评价表</td></tr>
<tr><td colspan="2">任务</td><td colspan="6"></td></tr>
<tr><td colspan="2">学生姓名：</td><td colspan="2">班级：</td><td colspan="4">组别：</td></tr>
<tr><td colspan="2">组长：</td><td colspan="6">组员：</td></tr>
<tr><td colspan="2">评价内容</td><td>评价标准</td><td>自评</td><td>组评</td><td>师评</td><td>小计</td><td>备注</td></tr>
<tr><td rowspan="5">能力</td><td>正确填写工艺过程卡</td><td>10</td><td></td><td></td><td></td><td></td><td></td></tr>
<tr><td>正确填写工序卡</td><td>10</td><td></td><td></td><td></td><td></td><td></td></tr>
<tr><td>正确填写检验卡</td><td>10</td><td></td><td></td><td></td><td></td><td></td></tr>
<tr><td>获取知识</td><td>5</td><td></td><td></td><td></td><td></td><td></td></tr>
<tr><td>组织与协调</td><td>5</td><td></td><td></td><td></td><td></td><td></td></tr>
<tr><td rowspan="3">知识</td><td>工艺过程卡</td><td>15</td><td></td><td></td><td></td><td></td><td></td></tr>
<tr><td>工序卡</td><td>15</td><td></td><td></td><td></td><td></td><td></td></tr>
<tr><td>检验卡</td><td>10</td><td></td><td></td><td></td><td></td><td></td></tr>
<tr><td rowspan="4">素养</td><td>工作与热情</td><td>5</td><td></td><td></td><td></td><td></td><td></td></tr>
<tr><td>组织与纪律</td><td>5</td><td></td><td></td><td></td><td></td><td></td></tr>
<tr><td>责任与态度</td><td>5</td><td></td><td></td><td></td><td></td><td></td></tr>
<tr><td>耐心与细致</td><td>5</td><td></td><td></td><td></td><td></td><td></td></tr>
<tr><td colspan="2">小计</td><td>100</td><td></td><td></td><td></td><td></td><td></td></tr>
<tr><td colspan="2">总分：</td><td colspan="6">总分 = 自评×25%+组评×25%+师评×50%</td></tr>
<tr><td colspan="3">教师签字：</td><td colspan="5">学生签字：</td></tr>
</table>

## 【课后练习】

**1. 解释名词术语**

（1）工艺过程卡

（2）工序卡

（3）检验卡

**2. 问答题**

（1）工艺过程卡、工序卡和检验卡之间是什么关系？

（2）各工序的基准在工艺文件中的何处表达？

# 任务四　编　　程

## 【关键词】

**1. 程序代码**

数控机床的加工运动是由数字信号来控制的，代码就是这些数字信号形成的一系列动作语言，如 G01 是直线进给运动代码，M03 是主轴转动代码。

**2. 编程**

编程就是程序代码的组织过程，是用代码描述机床运动的过程。编程有两种方法，一种是手工直接编程，另一种是软件自动编程。现代数控加工基本都依赖自动编程，需要编程软件。常用的编程软件有 CimatroneE、UG、Mastercam、CAXA 等。

3. NC 程序

NC 程序是一系列程序代码的组合。

4. 程序原点

程序原点是编程人员在零件图样上确定的坐标原点，程序运行就是依据程序原点来进行的，操作者要将程序原点移植到工件上，这称为对刀。

5. 程序文件

程序文件是由程序代码构成的文件，通常的文件格式是 TXT 格式，也有 NC 格式等。

6. 程序文件编码

程序文件一般都是针对工步来编辑的，即一个工步对应一个程序，一个工序由若干工步程序组成。推荐用字母加数字组合来对程序文件编码。

GX1 GB2：代表工序 1 中工步 2 的 NC 程序；

X4 B3：代表工序 4 中工步 3 的 NC 程序。

最重要的是文件名要与工序卡关联，看到程序文件名，就应该与工序卡中的工步号相关联。

7. 存储介质

程序文件要存放到机床的计算机中才能执行，从编程人员的工作计算机到机床计算机，需要传输介质做过渡，有的机床使用 U 盘，有的机床使用 CF 卡，具体要根据机床来确定。

## 【任务分析】

本任务是编辑程序文件，程序文件在学生没有学习编程课的情况下，由指导教师提供，但须由指导教师对程序内容进行详细讲解。

## 【知识链接】

### 一、数控程序格式

1. 程序的组成

一个完整的程序由程序号、程序内容和程序结束三部分组成。

```
O0001;
N0010 M6 T1;
N0020 G54 G17 G49 G40 G90;
N0030 M03 S1000;
N0040 M08;
N0050 G00 X0 Y0 Z10.;
N0060 G01 X10.0 Y20.0 F1000;
N0070 Y10.0;
N0080 G00 Z100.;
N0090 M05;
```

N0100 M09;

**N0110 M30;**

（1）程序号　由程序号地址符和数字表示，如O0001;

O——程序号地址符;

0001——程序的编号。

（2）程序内容　程序内容是整个程序的核心，由若干程序段组成。

（3）程序结束　程序结束是以M02或M30作为整个程序的结束指令。

**2. 程序段的格式**

程序段由程序段号、程序字和程序段结束符组成。

（1）程序段号　由地址符N和后面的若干位数字构成。程序段号的主要作用是便于程序的校对和检索修改，还可用于程序的转移，可以省略。执行程序的顺序和输入程序的顺序有关，而与程序段号的大小无关。

（2）程序字　程序字通常由地址符、数字和符号组成。

（3）程序段结束符　用“;”表示，有些数控系统的程序段不设结束符，直接回车即可。

## 二、功能指令

**1. 准备功能指令G**

准备功能指令也称为准备功能字，用地址符G表示，所以又称为G指令或G代码，它是使数控机床做好运动方式准备的指令。

G指令由地址符G和后面的两位数字组成，常用的有G00~G99，见表4-5。

G指令分模态指令和非模态指令两种。模态指令是指G指令一经使用一直有效，直到被同组的其他G指令取代为止。非模态G指令只有在被指定的程序段中才有效。

**表4-5　常用G指令**

| G指令 | 功能说明 | 指令格式 |
|---|---|---|
| G00 | 快速定位 | G00　X__Y__Z__; |
| G01 | 直线插补 | G01　X__Y__Z__F__; |
| G02 | 圆弧插补(顺时针) | G02　X__Y__R__F__;(R:圆弧半径) |
| G03 | 圆弧插补(逆时针) | G03　X__Y__R__F__; |
| G04 | 暂停 | G04　X__;或G04　P__; |
| G17 | 平面选择X-Y平面 | G17 |
| G18 | 平面选择X-Z平面 | G18 |
| G19 | 平面选择Y-Z平面 | G19 |
| G20 | 英制指令 | G20 |
| G21 | 公制指令 | G21 |

（续）

| G 指令 | 功能说明 | 指令格式 |
|---|---|---|
| G28 | 参考原点复位 | G28　X __ Y __ Z __; |
| G29 | 开始点复位 | G29　X __ Y __ Z __; |
| G40 | 取消刀尖圆弧半径补偿 | |
| G41 | 刀尖圆弧半径左补偿 | |
| G42 | 刀尖圆弧半径右补偿 | |
| G43 | 刀具补偿设定 | G43　Z __ H __<br>…<br>G49　Z __ |
| G49 | 取消刀具补偿设定 | |
| G54 | 工件坐标系 1 选择 | |
| G55 | 工件坐标系 2 选择 | |
| G56 | 工件坐标系 3 选择 | |
| G57 | 工件坐标系 4 选择 | |
| G58 | 工件坐标系 5 选择 | |
| G59 | 工件坐标系 6 选择 | |
| G80 | 固定循环取消 | G80 |
| G81 | 固定循环(钻孔) | G81 X __ Y __ Z __ R __ P __ F __;<br>(R:指 R 点) |
| G83 | 固定循环(深孔钻) | G82 X __ Y __ Z __ R __ Q __ F __;<br>Q:每次切削量,增量输入 |
| G84 | 固定循环(攻螺纹) | G84 X __ Y __ Z __ R __ F __ P __;<br>F:螺距　P:暂停时间 |
| G90 | 绝对值指令 | G90　X __ Y __ Z __ |
| G91 | 增量值指令 | G91　X __ Y __ Z __ |
| G97 | 恒线速度取消 | G97 |
| G98 | 固定循环起始点归复 | G98 |
| G99 | 固定循环 R 点归复 | G99 |

### 2. 辅助功能指令

辅助功能指令也称为辅助功能字，用地址符 M 表示，所以又称为 M 指令或 M 代码。

M 指令用来指定数控机床加工时的辅助动作及状态，如主轴的起停、正反转，切削液的开、关，刀具的更换，工件的夹紧与松开等。

M 指令由地址符 M 和后面的两位数字组成，常用的有 M00～M99，见表 4-6。

M 指令也分为模态指令和非模态指令，其意义与 G 指令相同。

### 3. 其他功能指令

(1) 进给功能指令　用地址符 F 表示，也称为 F 指令或 F 代码。

F 指令是模态指令，其功能是指定切削进给速度。

表 4-6　常用 M 指令

| M 指令 | 功　能 | M 指令 | 功　能 |
|---|---|---|---|
| M00 | 程序停止 | M05 | 主轴停止 |
| M01 | 计划停止 | M06 | 换刀指令 |
| M02 | 程序结束 | M08 | 切削液开 |
| M03 | 主轴顺时针方向旋转 | M09 | 切削液停 |
| M04 | 主轴逆时针方向旋转 | M30 | 程序结束 |

F 后面的数字表示进给速度的大小，单位一般为 mm/min。对于数控车床或加工螺纹时，单位也可设置为 mm/r。

（2）主轴转速指令　用地址符 S 表示，也称为 S 指令或 S 代码。

S 指令是模态指令，其功能是指定主轴转速或速度，单位为 r/min 或 m/min。

（3）刀具功能指令　用地址符 T 表示，也称为 T 指令或 T 代码。

T 指令主要用来选择刀具，也可用来选择刀具的长度补偿和半径补偿。

T 指令由地址符 T 和后面的数字代码组成，不同的数控系统有不同的指定方法和含义。如 T0102 可表示选用第 1 号刀具和第 2 号刀具补偿值。

## 三、程序目录卡

编制程序的过程中，要及时填写程序目录卡，以便指导加工。注意：程序名称要与工序、工步号一一对应。参考程序目录卡见表 4-7。

表 4-7　程序目录卡

| 工件名称： | | | 图样代号： | | | |
|---|---|---|---|---|---|---|
| 工序号 | 工步号 | 程序文件名称 | 刀具号 | 刀具 | 坐标系 | 备注 |
| | | | | | | |
| | | | | | | |
| | | | | | | |
| | | | | | | |
| | | | | | | |
| | | | | | | |
| | | | | | | |
| | | | | | | |
| | | | | | | |
| | | | | | | |

## 四、切削参数的合理选用

合理选用切削参数是制订切削工艺的重要工作。确定切削参数的主要工作内容就是确定切削三要素。切削三要素包括切削速度、背吃刀量和进给量。

### 1. 机床决定了切削参数的极限值

每台机床都在其使用说明书中写明了运动参数的极限值，可依据机床的运动参数极限值确定主轴转速和进给速度。

**2. 刀具决定了参数的使用范围**

查阅刀具手册确定其切削参数使用范围。图 4-25 所示为 WNMG080404/08-PM 数控车削刀片的使用参数，从中可以查到该刀片的切削速度为 260~400m/min，进给量为 0.2~0.6mm/r，背吃刀量为 1.0~5.0mm。

**3. 查阅参数手册**

我们应该学会查阅切削参数手册获取实际的使用参数。图 4-26 所示为查阅《刀具使用手册》所获得的一些数据。

**4. 实际参数**

实际参数是在机床和刀具的允许范围内，由操作人员结合经验来确定的。

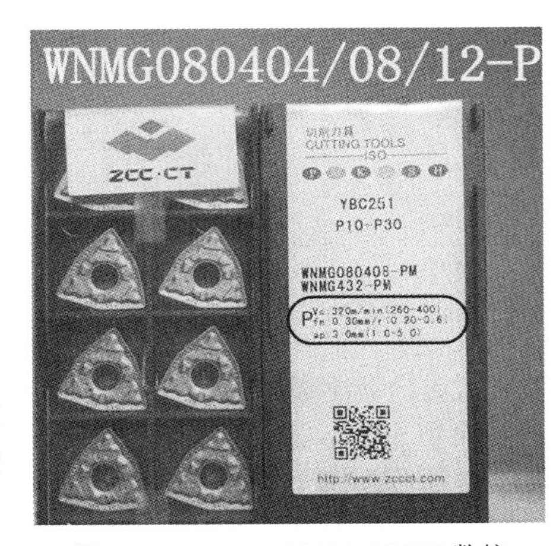


图 4-25 WNMG080404/08-PM 数控车削刀片的使用参数

**常用钻头切削参数参照表**

| 加工材料 | 切削速度 $v$ /(m/min) | 钻头直径 $d$/mm | | | | | 刀具材料 |
|---|---|---|---|---|---|---|---|
| | | <$\phi$3 钻头 | $\phi$3~$\phi$6 钻头 | $\phi$6~$\phi$13 钻头 | $\phi$13~$\phi$19 钻头 | $\phi$19~$\phi$25 钻头 | |
| | | 进给量 $f$/(mm/r) | | | | | |
| 铝及铝合金 | 105 | 0.08 | 0.15 | 0.25 | 0.4 | 0.48 | 高速钢 |
| 铜及铜合金 | 20 | 0.08 | 0.15 | 0.25 | 0.4 | 0.48 | |
| 碳素钢 | 17 | 0.08 | 0.13 | 0.2 | 0.26 | 0.32 | |
| 合金钢 | 15~18 | 0.05 | 0.09 | 0.15 | 0.21 | 0.21 | |
| 工具钢 | 18 | 0.08 | 0.13 | 0.2 | 0.26 | 0.32 | |
| 灰铸铁 | 24~34 | 0.08 | 0.13 | 0.2 | 0.26 | 0.32 | |

**常用铰刀切削参数参照表**

| 加工材料 | 铰刀直径 $d$ /mm | 背吃刀量 $a_p$/mm | 进给量 $f$/(mm/r) | 切削速度 $v$/(m/min) | 刀具材料 |
|---|---|---|---|---|---|
| 钢 | <10 | 0.08~0.12 | 0.15~0.25 | 6~12 | 焊刃 |
| | 10~20 | 0.12~0.15 | 0.20~0.35 | | |
| | 20~40 | 0.15~0.20 | 0.30~0.50 | | |
| 铸钢 | <10 | 0.08~0.12 | 0.15~0.25 | 6~10 | |
| | 10~20 | 0.12~0.15 | 0.20~0.35 | | |
| | 20~40 | 0.15~0.20 | 0.30~0.50 | | |
| 灰铸铁 | <10 | 0.08~0.12 | 0.15~0.25 | 8~15 | |
| | 10~20 | 0.12~0.15 | 0.20~0.35 | | |
| | 20~40 | 0.15~0.20 | 0.30~0.50 | | |

图 4-26 切削参数

## 【任务实施】

程序组组织协调完成下面任务：

### 一、编辑程序

在教师的指导下，编辑各工序及工步的程序。

### 二、存储程序文件

在编程时，一边编辑程序文件，一边存储程序文件，文件名称要与工序、工步名称统一。

### 三、填写程序目录卡

填写程序目录卡，可以边编辑、边存储、边填写。所有的文件整理好后，交指导教师统一管理。

## 【任务评价】

任务完成后，填写表 4-8。

表 4-8 编程任务评价表

| 任务评价表 | | | | | | | | |
|---|---|---|---|---|---|---|---|---|
| 任务 | | | | | | | | |
| 学生姓名： | | | 班级： | | 组别： | | | |
| 组长： | | | 组员： | | | | | |
| 评价内容 | | | 评价标准 | 自评 | 组评 | 师评 | 小计 | 备注 |
| 能力 | 编程能力 | 10 | | | | | | |
| | 填卡能力 | 10 | | | | | | |
| | 解读程序能力 | 10 | | | | | | |
| | 获取知识 | 5 | | | | | | |
| | 组织与协调 | 5 | | | | | | |
| 知识 | 程序及其解读 | 20 | | | | | | |
| | 程序目录卡 | 20 | | | | | | |
| 素养 | 工作与热情 | 5 | | | | | | |
| | 组织与纪律 | 5 | | | | | | |
| | 责任与态度 | 5 | | | | | | |
| | 耐心与细致 | 5 | | | | | | |
| 小计 | | 100 | | | | | | |
| 总分： | | 总分 = 自评×25% + 组评×25% + 师评×50% | | | | | | |
| 教师签字： | | | | 学生签字： | | | | |

## 【课后练习】

### 1. 填空题

（1）表 4-9 是一车床某工步数控代码表，请解读各程序点的含义。

表 4-9 数控代码识读练习题

图样：

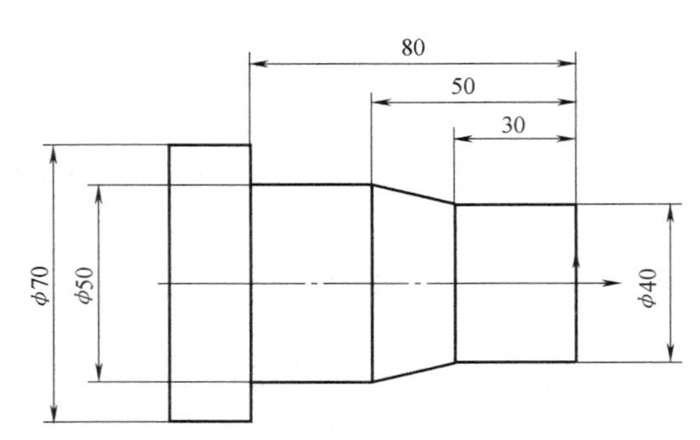


| 代码 | 解读 |
|---|---|
| O0006； | |
| N010 T0303； | |
| N020 M03 S1500； | |
| N030 M08； | |
| N040 G00 X40 Z2.0； | |
| N050 G01 X40 Z-30 F0.15； | |
| N060 X50 Z-50； | |
| N070 X50 Z-80； | |
| N080 X72； | |
| N090 G00 X100； | |
| N100 G00 Z200； | |
| N110 M09； | |
| N120 M05； | |
| N130 M30； | |

（2）一个完整的 NC 程序必须包含（　　　　）、（　　　　）和（　　　　）三部分。

（3）一个完整的 NC 程序段由（　　　　）、（　　　　）和（　　　　）三部分组成。

（4）F 指令的单位有（　　　　）和（　　　　）两种表达方法。

（5）编程方法有两种，一种是（　　　　），另一种是（　　　　）。

（6）G00 是（　　　　　　）；G01 是（　　　　　　）。

（7）M03 是（　　　　　　）；M05 是（　　　　　　）。

（8）常见的存储介质有（　　　　）和（　　　　）。

### 2. 问答题

（1）常用 NC 代码有哪几种？

（2）G00 与 G01 指令的区别是什么？
（3）G 代码、M 代码的功能是什么？
（4）给 NC 程序文件命名时最重要的原则是什么？
（5）简述 M00、M01、M02、M30 有何区别。

# 任务五　制订检验规程

## 【关键词】

**1. 质量检验**

质量检验是采用一定的检验测试手段和检查方法测定产品的质量特性，并把测定结果与规定的质量标准做比较，从而对产品或一批产品做出合格或不合格判断的质量管理方法。

**2. 质量标准**

质量标准是产品生产、检验和质量评定的技术依据。产品质量特性一般以定量表示，例如尺寸、表面质量、位置等。对于企业来说，为了使生产经营能够有条不紊地进行，从原材料进厂，一直到产品销售等各个环节，都必须有相应标准作为保证。对于机械零件，质量标准则以零件技术图样为重要依据。

**3. 检验规程**

检验规程是质量检验的工作方法，它告诉检验人员何时何地检验，怎样检验，检验标准是什么及检验后如何判定质量状态。

**4. 检验记录**

检验记录是记录检验结论的表格、报告等，通常有检验单、检验卡等形式。

**5. 质量鉴定**

质量鉴定是依据质量标准，判定所检产品与产品质量标准的符合程度，可用合格与不合格来鉴定。

**6. 成品检验**

成品检验是对最终成品进行质量检验。

**7. 过程检验**

过程检验是对各个工序环节的工序成品做检验。

## 【任务分析】

本任务是依据技术图样和工艺流程来制订各工序产品的质量检验规程、质量检验标准和质量鉴定方法。

通过本任务的实施，使学生掌握制订产品检验规程，通过检验来控制各生产环节的加工质量，使生产按工艺流程有序进行的方法。

## 【知识链接】

### 一、获取最终零件质量检验标准

获取最终零件质量检验标准的主要依据是产品技术图样。图样中的尺寸精度、表面质量、形状精度、位置精度和技术要求都是质量检验标准的依据。

以图 4-1 为例来获取该零件的质量标准，从图样的左上方开始排列，见表 4-10。

表 4-10 成品质量检验标准列表

| 内容 | 标准 |
|---|---|
| 尺寸精度 | M5 |
| | $C0.5$ |
| | $C2$ |
| | $\phi16H7$ |
| | $C0.5$ |
| | $R3mm$ |
| | $1^{+0.20}_{0}mm$ |
| | 15mm |
| | 10±0.10mm |
| | 10±0.10mm |
| | 20mm |
| | 50mm |
| | $\phi20^{+0.10}_{0}mm$ |
| | $C5$ |
| | 26±0.06mm |
| | 30mm |
| | 6.5mm |
| | $R1mm$ |
| | 50mm |
| | $R6mm$ |
| | $\phi30mm$ |
| | $4\times\phi5H10$ |
| | $C0.5$ |
| | $\phi3mm$ |
| | $R17.5mm$ |
| | 18mm |
| | 34mm |
| | 16mm |
| | $R10mm$ |
| 形状精度 | 无 |
| 位置精度 | 无 |
| 表面质量 | $Ra1.6\mu m$ |
| | 其余 $Ra3.2\mu m$ |
| | 锐边去毛刺 |

## 二、获取工序质量检验标准

获取各个工序质量检验标准的依据是工序卡。工序卡中都有各个工序所要完成的轮廓。

图 4-12 所示为任务一中工序 1 的工步内容，根据其内容获取表 4-11 中工序 1 的质量检验标准。

表 4-11 工序 1 的质量检验标准

| 内容 | 标准 |
|---|---|
| 尺寸精度 | 过渡外圆 $\phi$55mm |
| | 切断后总长 51mm |
| | $C2$ |
| | $\phi$16H7 |
| | $R$3mm |
| | 10±0. 10mm |
| | $\phi20^{+0.10}_{0}$mm |
| | 20mm |
| 形状精度 | 无 |
| 位置精度 | 无 |
| 表面质量 | $Ra$1. 6μm(内孔表面) |
| | 其余 $Ra$3. 2μm |
| | 锐边去毛刺 |

其余各个工序的质量检验标准也是这样来获取的。

## 三、填写质量检验卡

表 4-12 是成品质量检验卡。表 4-13 是工序 1 的检验卡，表 4-14 是工序 1 检验记录卡，其他工序的质量检验卡依照填写。

表 4-12 成品质量检验卡

| | 检验卡 | | 产品型号 | | 零件图号 | | 总 2 页 | 第 1 页 |
|---|---|---|---|---|---|---|---|---|
| | | | 产品名称 | | 零件名称 | | 共 2 页 | 第 1 页 |
| 工序号 | 工序名称 | 车间 | 检验项目 | 技术要求 | 检验手段 | 检验方案 | 检验操作要求 | |
| 最终成品 | | | $M5$ | | 通止规 M5H7 | | | |
| | | | $C0.5$ | $C0.3$~$C0.7$ | 倒角规或样板 | | | |
| | | | $C2$ | $C1.8$~$C2.2$ | 倒角规或样板 | | | |
| | | | $\phi$16H7 | $\phi$16~$\phi$16. 018 | 通止规 | | | |
| | | | $C0.5$ | $C0.3$~$C0.7$ | 倒角规或样板 | | | |
| | | | $R3$ | $R2.8$~$R3.2$ | 半径样板 | | | |
| | | | $1^{0.1}_{1}$ | 1~1. 2 | 游标深度卡尺 | | | |
| | | | 15 | 14. 8~15. 2 | 间接测量 | 塞规+游标高度卡尺 | | |
| | | | 10±0. 1 | 9. 9~10. 1 | 深度千分尺 | | | |
| | | | 10±0. 1 | 9. 9~10. 1 | 千分尺 | | | |
| | | | 20 | 19. 8~20. 2 | 游标卡尺 | | | |
| | | | 50 | 49. 7~50. 3 | 游标卡尺 | | | |
| | | | $\phi20^{+0.1}_{1}$ | 20~20. 1 | 千分尺 | | | |
| 描图 | | | $C5$ | $C4.5$~$C5.5$ | 倒角规 | | | |
| | | | 26±0. 06 | 25. 94~26. 06 | 千分尺 | | | |
| 描校 | | | 30 | 29. 7~30. 3 | 游标卡尺 | | | |
| | | | 6. 5 | 6. 3~6. 7 | 游标卡尺 | | | |
| 底图号 | | | $R1$ | $R0.8$~$R1.2$ | 半径样板 | | | |
| | | | $R2$ | $R0.8$~$R1.2$ | 半径样板 | | | |
| | | | 50 | 49. 5~50. 5 | 游标卡尺 | | | |

| 装订号 | | | | | | | | | | | 设计(日期) | 审核(日期) | 标准化(日期) | 会签(日期) | |
|---|---|---|---|---|---|---|---|---|---|---|---|---|---|---|---|
| | 标记 | 处数 | 更改文件号 | 签字 | 日期 | 标记 | 处数 | 更改文件号 | 签字 | 日期 | | | | | |

（续）

| | 检验卡 | | 产品型号 | | 零件图号 | | 总 2 页 | 第 2 页 |
|---|---|---|---|---|---|---|---|---|
| | | | 产品名称 | | 零件名称 | | 共 2 页 | 第 2 页 |
| 工序号 | 工序名称 | 车间 | 检验项目 | 技术要求 | 检验手段 | 检验方案 | 检验操作要求 | |
| 最终成品 | | | $R6$ | $R5.5\sim R6.5$ | 半径样板 | | | |
| | | | $\phi30$ | 29.7~30.3 | 游标卡尺 | | | |
| | | | $4\times\phi5H10$ | $\phi5\sim\phi5.048$ | 通止规 | | | |
| | | | $C0.5$ | $C0.3\sim C0.7$ | 倒角规或样板 | | | |
| | | | $\phi3$ | $\phi2.9\sim\phi3.1$ | 通止规 | | | |
| | | | $R17.5$ | $R16.5\sim R18$ | 半径样板 | | | |
| | | | 18 | 17.8~18.2 | 三坐标测量仪 | | | |
| | | | 34 | 33.7~34.3 | 三坐标测量仪 | | | |
| | | | 16 | 15.8~16.2 | 三坐标测量仪 | | | |
| | | | $R10$ | $R9\sim R11$ | 半径样板 | | | |
| | | | $Ra1.6\mu m$ | $Ra1.6\mu m$ | 对比块 | | | |
| | | | $Ra3.2\mu m$ | $Ra3.2\mu m$ | 对比块 | | | |
| | | | 锐边毛刺 | | 目测 | | | |

描图　描校　底图号　装订号

| | | | | | | | | | 设计(日期) | 审核(日期) | 标准化(日期) | 会签(日期) | |
|---|---|---|---|---|---|---|---|---|---|---|---|---|---|
| 标记 | 处数 | 更改文件号 | 签字 | 日期 | 标记 | 处数 | 更改文件号 | 签字 | 日期 | | | | |

| | 工艺附图 | 产品型号 | | 零件图号 | | 总 1 页 | 第 1 页 |
|---|---|---|---|---|---|---|---|
| | | 产品名称 | | 零件名称 | | 共 1 页 | 第 1 页 |

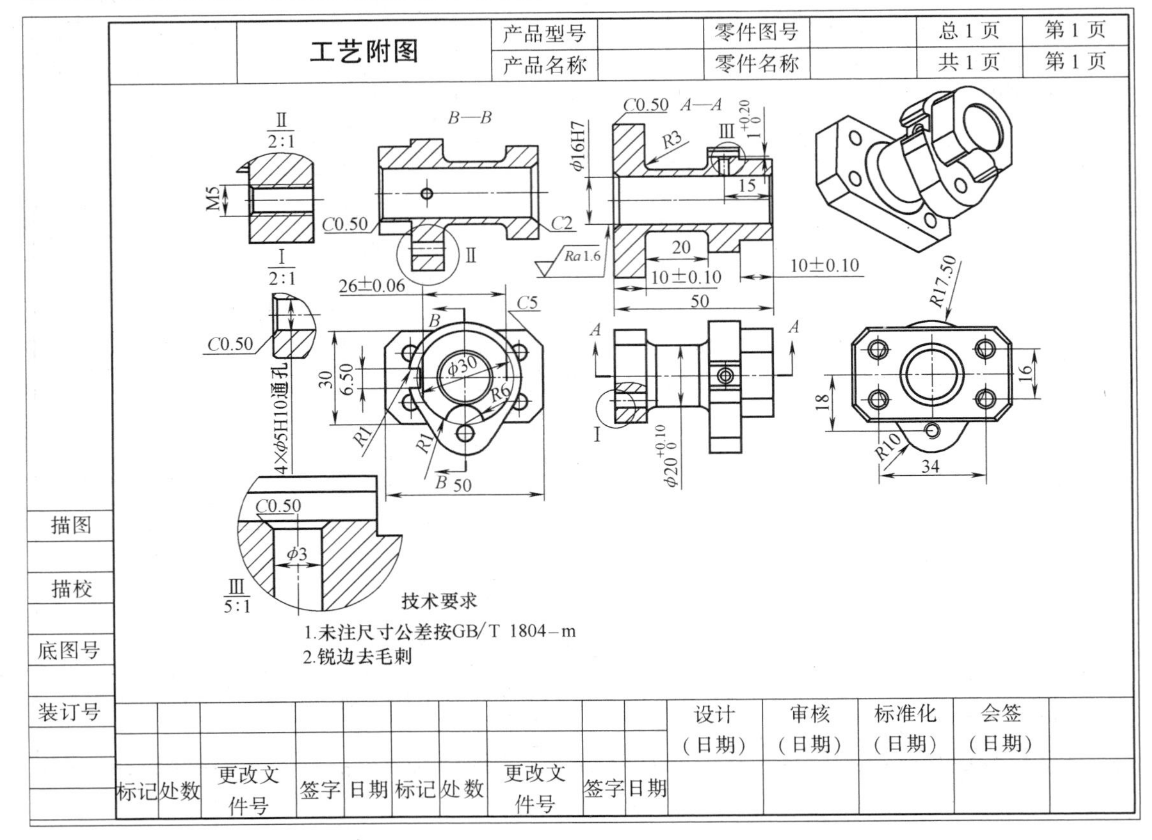

表 4-13 工序 1 检验卡

| | 检验卡 | | 产品型号 | | 零件图号 | | 总 1 页 | 第 1 页 |
|---|---|---|---|---|---|---|---|---|
| | | | 产品名称 | | 零件名称 | | 共 1 页 | 第 1 页 |
| 工序号 | 工序名称 | 车间 | 检验项目 | 技术要求 | 检验手段 | 检验方案 | 检验操作要求 | |
| 工序 1 | 支架 | | 过渡外圆 $\phi55$ | $\phi54.7 \sim \phi55.3$ | 游标尺寸 | | | |
| | | | 切断后总长 51 | 50.7～51.3 | 游标卡尺 | | | |
| | | | $C2$ | $C1.8 \sim C2.2$ | 倒角规 | | | |
| | | | $\phi16H7$ | $\phi16 \sim \phi16.018$ | 通止规 | | | |
| | | | $R3$ | $R2.8 \sim R3.2$ | 半径样板 | | | |
| | | | $10\pm0.1$ | 9.9～10.1 | 千分尺 | | | |
| | | | $\phi20^{+0.1}_{0}$ | $\phi20 \sim \phi20.1$ | 千分尺 | | | |
| | | | 20 | 19.8～20.2 | 游标卡尺 | | | |
| | | | $Ra1.6\mu m$（内孔表面） | $Ra1.6\mu m$ | 对比块 | | | |
| | | | 其余 $Ra3.2\mu m$ | $Ra3.2\mu m$ | 对比块 | | | |
| | | | 锐边去毛刺 | 无毛刺 | 目测 | | | |
| 描图 | | | | | | | | |
| 描校 | | | | | | | | |
| 底图号 | | | | | | | | |
| 装订号 | | | | | | | | |

$Ra$ 1.6　$\phi20.00^{+0.1}_{0.0}$　R3.00　C2　$\phi55.00$　$\phi16.00H7$　10.00±0.10　20.00　51.00

| 标记 | 处数 | 更改文件号 | 签字 | 日期 | 标记 | 处数 | 更改文件号 | 签字 | 日期 | 设计(日期) | 审核(日期) | 标准化(日期) | 会签(日期) |
|---|---|---|---|---|---|---|---|---|---|---|---|---|---|
| | | | | | | | | | | | | | |

表 4-14 工序 1 检验记录卡

| 产品检验记录 | | | | | | | | | | | |
|---|---|---|---|---|---|---|---|---|---|---|---|
| 工序 1 | | 产品名称 支架 | | | 图号 | | | 共 页 | | 第 页 | |
| 零件编号 | 1 | 2 | 3 | 4 | 5 | 6 | 7 | 8 | 9 | 10 | 备注 |
| 检验内容 | 检验记录 | | | | | | | | | | |
| 过渡外圆 $\phi55mm$ | | | | | | | | | | | |
| 切断后总长 51mm | | | | | | | | | | | |
| $C2$ | | | | | | | | | | | |
| $\phi16H7$ | | | | | | | | | | | |
| $R3mm$ | | | | | | | | | | | |
| $10\pm0.1mm$ | | | | | | | | | | | |
| $\phi20^{+0.1}_{0}mm$ | | | | | | | | | | | |
| 20mm | | | | | | | | | | | |
| 无 | | | | | | | | | | | |
| 无 | | | | | | | | | | | |
| $Ra1.6\mu m$（内孔表面） | | | | | | | | | | | |
| 其余 $Ra3.2\mu m$ | | | | | | | | | | | |
| 锐边去毛刺 | | | | | | | | | | | |
| | | | | | | | | | | | |
| | | | | | | | | | | | |
| | | | | | | | | | | | |
| | | | | | | | | | | | |
| | | | | | | | | | | | |
| | | | | | | | | | | | |
| 操作者 | | | | | | | | | | | |
| 检验员 | | | | | | | | | | | |
| 质量鉴定 | | | | | | | | | | | |

## 【任务实施】

本任务的实施主要是填写各种检验卡和检验记录。学生应分组工作，并分配到各个工序，组长负责整个检验工作。

### 一、获取质量检验标准

依据技术图样，填写质量检验标准卡。

### 二、填写质量检验卡

依据工艺卡的内容，填写各个工序的质量检验卡和记录卡。

### 三、分配检查岗位

依据工序安排，将学生分派到各个工序，在生产进行中实施检验及质量判定。

### 四、汇集检验文件

检验完毕后，将各种检验卡及检验记录汇集到指导教师处。

### 三坐标测量技术

现代化的数控机床中越来越多的工件需要进行空间三维测量，而传统的测量方法由于其测量精度不高和测量范围有限，不能满足要求。三坐标测量技术的产生是测量技术从古老的手工测量向现代化测量过渡的一个里程碑，它主要体现在以下几个方面：

1）实现了对基本几何元素的高效率、高精度的测量与评定，解决了复杂形状表面轮廓尺寸的测量，如高精度孔的尺寸及其位置、复杂曲面的曲率等的测量。

2）提高了测量精度，每米的测量精度可达 1μm。

3）三坐标测量仪可与数控机床融合在一起，实现在线测量，体现了柔性制造技术。

4-11　三坐标测量技术介绍

## 【任务评价】

任务完成后，填写表 4-15。

**表 4-15　制订检验规程任务评价表**

<table>
<tr><td colspan="8">任务评价表</td></tr>
<tr><td colspan="2">任务</td><td colspan="6"></td></tr>
<tr><td colspan="2">学生姓名：</td><td colspan="2">班级：</td><td colspan="4">组别：</td></tr>
<tr><td colspan="2">组长：</td><td colspan="6">组员：</td></tr>
<tr><td colspan="2">评价内容</td><td>评价标准</td><td>自评</td><td>组评</td><td>师评</td><td>小计</td><td>备注</td></tr>
<tr><td rowspan="4">能力</td><td>获取检验标准的能力</td><td>15</td><td></td><td></td><td></td><td></td><td></td></tr>
<tr><td>填卡能力</td><td>15</td><td></td><td></td><td></td><td></td><td></td></tr>
<tr><td>获取知识</td><td>5</td><td></td><td></td><td></td><td></td><td></td></tr>
<tr><td>组织与协调</td><td>5</td><td></td><td></td><td></td><td></td><td></td></tr>
<tr><td rowspan="2">知识</td><td>制卡</td><td>20</td><td></td><td></td><td></td><td></td><td></td></tr>
<tr><td>填卡</td><td>20</td><td></td><td></td><td></td><td></td><td></td></tr>
<tr><td rowspan="4">素养</td><td>工作与热情</td><td>5</td><td></td><td></td><td></td><td></td><td></td></tr>
<tr><td>组织与纪律</td><td>5</td><td></td><td></td><td></td><td></td><td></td></tr>
<tr><td>责任与态度</td><td>5</td><td></td><td></td><td></td><td></td><td></td></tr>
<tr><td>耐心与细致</td><td>5</td><td></td><td></td><td></td><td></td><td></td></tr>
<tr><td colspan="2">小计</td><td>100</td><td></td><td></td><td></td><td></td><td></td></tr>
<tr><td colspan="2">总分：</td><td colspan="6">总分 = 自评×25%+组评×25%+师评×50%</td></tr>
<tr><td colspan="4">教师签字：</td><td colspan="4">学生签字：</td></tr>
</table>

## 【课后练习】

**1. 解释名词术语**

(1) 质量检验

(2) 质量标准

(3) 检验规程

(4) 检验记录

(5) 质量鉴定

(6) 成品检验

(7) 过程检验

2. 根据图 4-27 获取产品质量检验标准，并填写成品质量检验卡。

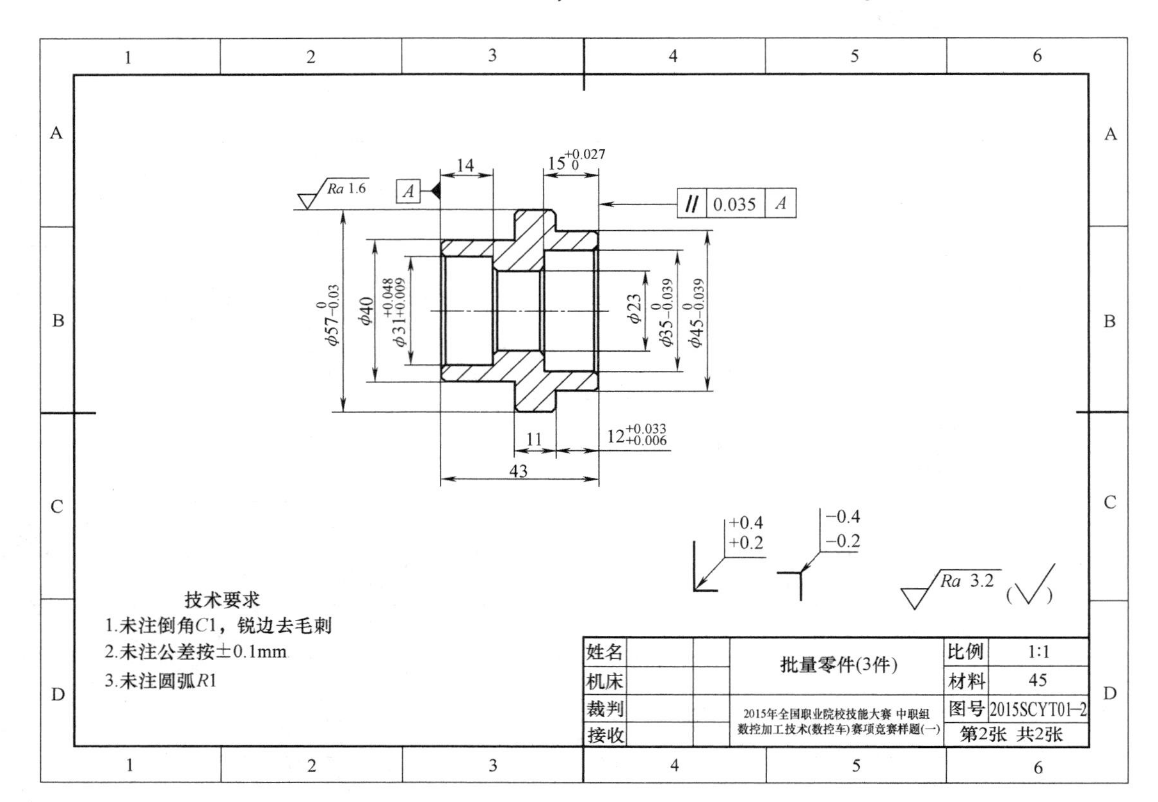


图 4-27 练习题零件图样

# 任务六 产品加工及过程控制

## 【关键词】

**1. 数模**

数模是工件的三维图形，它是利用三维软件绘制的，可为加工编程提供零件数据。

**2. 数模文件格式**

三维零件数模以文件的形式保存，数模文件格式分为通用格式和专属格式，专属格式是每种绘图软件自己专用的格式，其他软件很难兼容，如 UG 软件的 PRT 格式；通用格式能兼容大部分绘图软件，如 STP 格式、IGES 格式等。

**3. 格式转换**

把数模文件格式转换成兼容所使用软件的格式，称为格式转换。通常每种绘图软件都可以在其内部进行转换，绝大部分都转换成 STP 格式。

**4. 安全操作规程**

安全操作规程是指导操作者进行安全操作的规章制度，文明生产和安全生产永远是工作的第一位。

**5. 对刀**

对刀是操作者将编程坐标系移植到机床中，实现编程坐标系与加工坐标系的对接。

**6. 程序文件的存入与调用**

加工之前将已经编制好的程序存入机床系统中，然后再调出使用，进行加工。调入文件要依据工序卡的内容进行。

**7. 装夹**

装夹是在某一工序中，按工艺规程的要求，对工件进行定位与夹紧。

## 【任务分析】

本任务是全面实施产品的加工，通过本任务的实施，全面掌握产品加工的整套工艺流程，掌握数控加工的基本操作技能。

实施前要做好充分的技术准备，主要内容如下：

1）工序卡齐全。

2）检验卡及检验记录齐全。

3）机床无故障。

4）配备全部量具。

5）加工程序齐全。

6）配备所需刀具与夹具。

7）人员配置到岗。

8）操作人员能熟练操作。

## 【知识链接】

### 一、产品加工基本要点

**1. 识图**

根据图样及数模（包含各工序图样）获得产品的几何形状、尺寸精度、位置精度、表面质量和技术要求，以便加工时控制产品质量。要重点分析尺寸设计基准，以便加工时在线测量，以及正确对刀。另外，还要分析工件材料和毛坯尺寸，以便在线控制产品质量。

**2. 读工序卡**

读工序卡是实施加工的关键环节。

（1）机台　工序卡中对本工序使用的设备会做出指示，要按工序卡的要求使用机床，不得擅自更换机床。

（2）毛坯　按工序卡的要求确定使用的毛坯，如果不是第一道工序，那毛坯就是前道工序的工序品。

（3）定位装夹　工序卡中会指出夹具以及工件的定位位置及夹紧方法。

（4）程序基准　在工序卡中会指出程序原点的位置，对刀时要按程序基准对刀。

(5) 刀具　工序卡中会列出该工序所使用的全部刀具，要按要求准备刀具。

(6) 程序清单　认真核对工序卡中各个工步的程序名称是否与存储卡中的名称一致。

#### 3. 读检验卡

各个工序的检验卡都列出了检验该工序所使用的量具，要按要求准备量具。量具要配备两套，一套供操作人员使用，另一套供检验工使用。

#### 4. 机床基本操作技能

机床基本操作技能是实现加工的硬性前提，对于操作人员来说，在实施加工前要对机床进行熟练操作。

#### 5. 刀具安装

按工序卡的要求将各刀具安装到机床上，序号不能乱。

#### 6. 工件装夹

按工序卡的要求将工件定位在机床上并夹紧。

#### 7. 程序的输入与调用

按工序卡的要求，将程序全部输入到机床中，以便加工时调用。

#### 8. 在线测量

在加工过程中，操作人员会经常测量过程尺寸，以便明确各种补偿量，控制加工质量。

### 二、产品质量控制要点

#### 1. 对刀

即使按工序卡要求对刀，也未必会准确，人为误差会导致工件坐标系与编程坐标系偏差过大，会给加工带来很大的麻烦。如果发现对刀偏差过大，就要即时进行偏差补偿。数控车床、数控铣床都提供了纠正对刀偏差的补偿功能。

#### 2. 装夹

装夹工件时安装位置要准确，否则会引起质量波动；夹紧力要适合，欠力会引起工件松动，过力会引起工件变形，按工序卡中的要求严格执行。

#### 3. 装刀

安装车刀时要注意刀尖的高度与主轴中心线等高，刀体要靠实并夹紧。立铣刀安装后要测试刀尖的摆动量，摆动量要控制在 0.02mm 以内。

#### 4. 节奏

虽然加工程序都已经编制好，但第一次切入工件时，要缓慢入刀，待确认无误后再正常进行切削。

## 【任务实施】

### 一、准备毛坯

加工组依据工序卡的要求，到毛坯存放处领取毛坯，领取时要认真检验毛坯尺寸。

## 二、准备刀具

加工组成员依据工序卡的要求，到工具室领取刀具、刀柄、夹套以及装刀工具。领取后按要求将其摆放在指定的工具车上。先领取工序 1 的刀具，待加工完毕后，再依次领取下道工序的刀具。

## 三、准备夹具

加工组成员依据工序卡的要求，到工具室领取夹具，如机床已经放置好相应的夹具，则到机床上认真核对。夹具安装好后，要认真检验夹具的夹持精度，如发现夹具精度不能满足加工要求，则需要修正或更换夹具。

## 四、准备辅具

加工组成员依据工序卡的要求，到工具室领取相应的辅具，如对刀仪、扳手、百分表等。

## 五、准备机床

加工组成员依据工序卡的要求，到车间现场检查机床的状态，确保电、水、切削液、存储卡等正常。

## 六、产品加工

加工组成员依据工序卡的要求进行零件加工，每道工序的操作步骤如下：

1）装夹工件。

2）安装刀具。

3）对刀。

4）调入程序。

5）自动加工。

6）在线检验。

7）拆卸工件。

8）离线检验。

## 【知识链接】

### 数控加工产品质量的控制能力

有些学生对数控加工有些误解，认为有了编制的程序，产品质量就有了保障，其实程序是在假设外界因素稳定的情况下才能达到质量要求，真实的情况会有很多变数，如对刀的准确程度、工件装夹正确与否、刀具的安装精度、量具的精确程度等，都会对产品质量带来不确定性的因素，因此要求操作者具备控制外界因素对加工影响的能力，也就是常说的过程质量控制能力。

## 【任务评价】

任务完成后，填写表 4-16。

表 4-16 加工任务评价表

| 任务评价表 | | | | | | | |
|---|---|---|---|---|---|---|---|
| 任务 | | | | | | | |
| 学生姓名: | | 班级: | | 组别: | | | |
| 组长: | | 组员: | | | | | |
| 评价内容 | | 评价标准 | 自评 | 组评 | 师评 | 小计 | 备注 |
| 能力 | 识读工序卡能力 | 20 | | | | | |
| | 机床操作能力 | 20 | | | | | |
| | 过程控制能力 | 20 | | | | | |
| | 组织与协调 | 10 | | | | | |
| 知识 | 程序识读 | 5 | | | | | |
| | 图样识读 | 5 | | | | | |
| 素养 | 工作与热情 | 5 | | | | | |
| | 组织与纪律 | 5 | | | | | |
| | 责任与态度 | 5 | | | | | |
| | 耐心与细致 | 5 | | | | | |
| 小计 | | 100 | | | | | |
| 总分: | | 总分=自评×25%+组评×25%+师评×50% | | | | | |
| 教师签字: | | | 学生签字: | | | | |

## 【课后练习】

经过本任务的实施，谈谈自己如何在加工过程中有效地控制产品质量。

# 任务七 交付客户

## 【任务分析】

本任务是将产品交付给客户，待客户进行质量鉴定。如果顺利通过验收，就完成了整个任务；如果质量有瑕疵，还要进行修补。

## 【任务实施】

1）指导教师组织全体参与者参加与客户交流大会。
2）由检验组组长将产品交予客户。
3）客户在现场检验后做出评价。
4）听取客户的质量反馈意见。
5）如果个别产品没有通过验收，则要进行修补。
6）如果产品全部通过验收或修补合格后通过验收，则本任务全部完成。

# 参考文献


[1] 朱鹏超. 数控加工技术 [M]. 2版. 北京：高等教育出版社，2004.

[2] 崔兆华. 数控车工（中级）操作技能鉴定实战详解 [M]. 北京：机械工业出版社，2012.

[3] 王兵，陈明韬. 看视频学车刀使用与刃磨 [M]. 北京：化学工业出版社，2018.